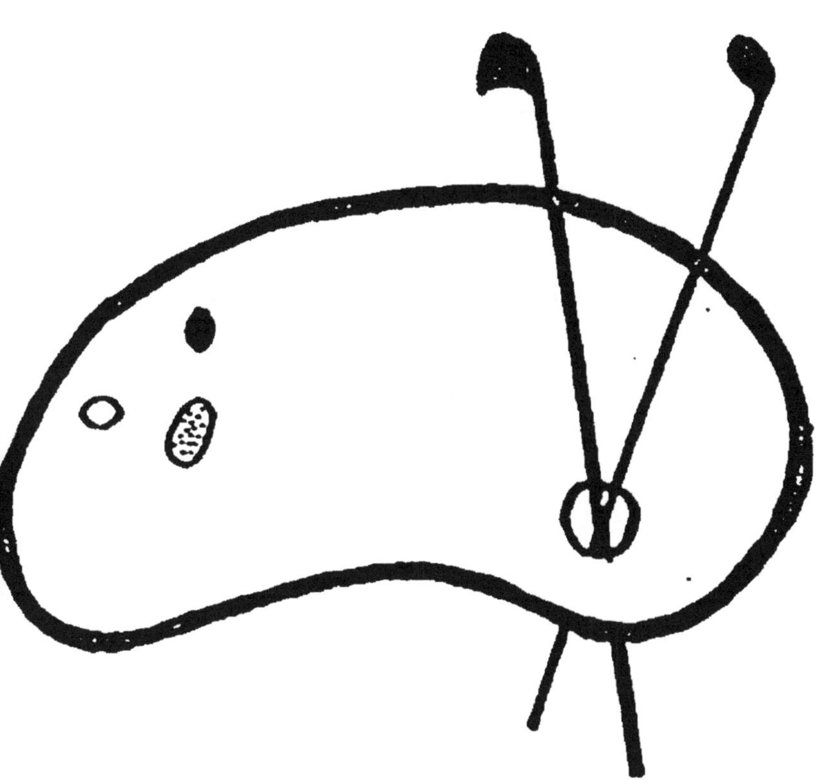

1899

VOYAGE en TERRE SAINTE

CONSTANTINOPLE ATHÈNES NAPLES ROME

« La visite des lieux sanctifiés par la présence du Sauveur, est l'idéal du vrai chrétien »

(L'Auteur)

« Ce pèlerinage au pays du Christ sera le plus doux souvenir de votre vie »

(Léon XIII au 25e pèlerinage)

(XIXe pèlerinage)

par

Marius BLANC
(Chevalier de la Croix)
PROPRIÉTAIRE-AGRICULTEUR
à Roche sur Grâne *par* Grâne *(Drôme)*

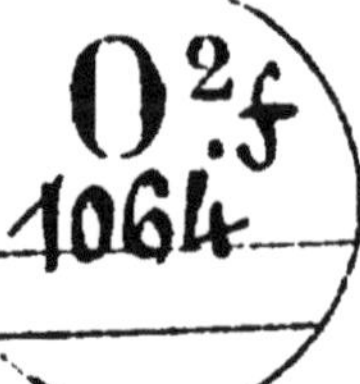

CREST
IMPRIMERIE SPÉCIALE DU *CRESTOIS*
1904

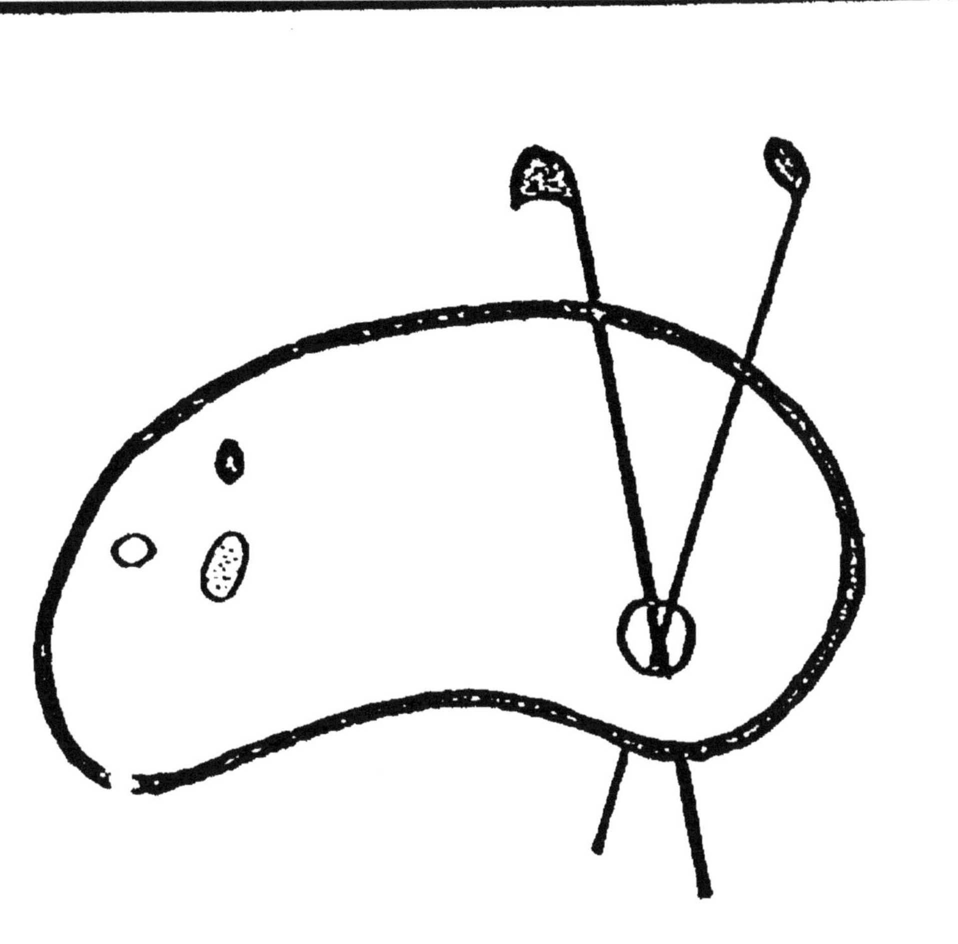

FIN D'UNE SERIE DE DOCUMENTS
EN COULEUR

1899

VOYAGE en TERRE SAINTE

CONSTANTINOPLE ATHÈNES NAPLES ROME

« [illegible] p[illegible]ence du [illegible], est l'idéal du vrai chrétien. »

(L'Auteur)

« Ce pèlerinage au pays du Christ sera le plus doux souvenir de votre vie. »

(Léon XIII au 25e pèlerinage)

(XIXe pèlerinage)

par

Marius BLANC
(Chevalier de la Croix)
PROPRIÉTAIRE-AGRICULTEUR
à Roche sur Grâne *par* Grâne *(Drôme)*

CREST
IMPRIMERIE SPÉCIALE DU *CRESTOIS*
1904

AVANT-PROPOS

J'étais bien loin de supposer, lorsque j'étais enfant, assis avec les écoliers de mon village sur les bancs de l'école et que j'apprenais l'Histoire Sainte, qu'un jour je visiterais ces lieux, où se sont passés les faits que raconte le livre sacré.

Je puis dire que si j'ai entrepris ce magnifique pèlerinage, c'est grâce à des circonstances absolument providentielles. La principale est l'obtention d'un billet de voyage gratuit, faveur due aux bienveillantes démarches de mon digne curé et ami (1) Qu'il me soit permis de lui en redire ici hautement ma bien vive reconnaissance !

Quoique peu habitué à l'art d'écrire, j'ai voulu faire la relation de ce 19e pèlerinage de pénitence.

Aussi, après les fatigues de rudes journées de labeurs passées au milieu des champs, je me mettais résolument à l'ouvrage et je voyais les heures s'écouler bien vite en revivant ces moments délicieux et inoubliables, écoulés aux lieux sanctifiés par la naissance, la vie et la mort du Sauveur; ainsi qu'en

(1) M. l'abbé Henri Lager, ancien pèlerin de Terre-Sainte, et qui était, lors du pèlerinage dont je faisais partie, curé de *Suze sur Crest* mon cher pays natal, que j'habitais à cette époque.

diverses villes et capitales de différents états : le pèlerinage suivait en effet cette année-là un itinéraire incomparable ! Je me revoyais encore, à bord de la nef « *Notre Dame de Salut* », voguant par un beau soleil, sur l'onde couleur indigo des mers Ionienne, de Sicile ou de l'Archipel, côtoyant parfois des rivages enchanteurs !

Peut-être que ce modeste récit déterminera quelques lecteurs à entreprendre ce grand pèlerinage ! Quel est celui qui, dans sa vie, n'a jamais eu le désir de visiter les Lieux-Saints ?

Un précieux encouragement à cela doit être la parole de Léon XIII, que je me plais à rappeler ici. Lorsque le Vicaire de Jésus-Christ envoya le premier pèlerinage de pénitence en Terre-Sainte, il dit avec solennité (et il l'a répété depuis en maintes circonstances) que ceux qui y prendraient part « auraient leur salut assuré ».

N'y a-t-il pas là un doux, un précieux encouragement ?

D'autres, et ce sera le plus grand nombre, n'accompliront jamais ce voyage; mais, en lisant attentivement les pages qui suivent, ne pourront-ils pas du moins le faire en esprit ?

Je dois ajouter à la fin de cette courte préface, que le récit que l'on va lire est écrit sans prétention aucune. Aussi ne se recommande-t-il que par un seul mérite : celui de l'*exactitude*.

M. Blanc

VOYAGE
en
TERRE-SAINTE

CHAPITRE PREMIER

BÉNÉDICTION DE NOTRE-DAME DE SALUT
DÉPART DE MARSEILLE — SUR LE BATEAU

C'était le 18 Août 1899. A 4 heures du soir, tous les pèlerins étaient à bord de la nef de *Notre-Dame de Salut* qui mouillait dans le vaste et beau port de Marseille. A ce moment même Mgr Robert, évêque de cette ville, bénissait le bateau et prononçait une courte allocution. J'en citerai seulement ici la partie qui rappelle la mission dont nous étions investis : « Vous êtes, nous dit-il, les pèlerins du Sacré-Cœur. Allez à Jérusalem et demandez au divin Rédempteur qui empourpra cette terre de son sang de convertir et de sauver la France. »

Le R. P. Marie-Léopold, directeur du pèlerinage, remercie en termes émus Sa Grandeur. Puis la sirène, à différents intervalles, envoie aux échos plusieurs coups de sifflet. A ces signaux, ceux qui ne font pas le voyage, descendent du navire qui, peu après, commence d'avancer lentement, traîné par des remorqueurs jusqu'à la pleine mer. Pendant ce temps, des signaux d'un autre genre, (des mouchoirs et des chapeaux qui s'agitent) s'échangent entre les passagers et la foule nombreuse massée sur le quai. Le canon de bord salue Notre-Dame de la Garde, notre protectrice durant ce saint et long voyage; en même temps l'on chante l'*Ave Maris Stella*.

Au moment du départ lecture nous a été donnée d'une dépêche, adressée au T. R. P. Picard (1) par le cardinal Rampolla, au nom du Saint-Père :

Directeur pèlerinage de Pénitence

Rome, 17 août.

Saint-Père envoie de grand cœur bénédiction apostolique aux pèlerins qui vont partir pour les Lieux-Saints.

Card. Rampolla.

Cette bénédiction, arrivée fort à propos, ne nous portera-t-elle pas bonheur ?

La nef vogue, allègre et rapide, sur l'immensité des eaux. Les quatre petites îles de Pomègue, de Ratonneau, d'If et des Pendus défilent rapidement devant nous. Bientôt là-bas, sur la gauche, on voit briller les feux électriques rouges du phare de Toulon. Le groupe des îles d'Hyères apparaît à l'horizon, pour disparaître ensuite.

En quoi consiste cet insigne du pèlerinage qui projette sa vive nuance sur la poitrine des pèlerins ? C'est une croix en étoffe, à couleur écarlate. A son revers on lit ces mots latins : *Servire Christo* : Servir le Christ.

(1) Supérieur général des Assomptionnistes.

Oui ! nous serons fidèles à cette devise ! Comme les croisés du moyen-âge, qui bravaient la mort pour la délivrance des Lieux-Saints au pouvoir des infidèles, nous, croisés des temps modernes, plus privilégiés que nos ancêtres, nous supporterons vaillamment la fatigue de ce long et pénible voyage pour porter devant le Saint-Sépulcre le double tribut de nos hommages et de nos adorations ! !

La cloche sonne le repas du soir. Les passagers se pressent dans les écoutilles. Nous voilà à table. Une nourriture fortifiante, en même temps qu'abondante, nous est servie; l'eau est heureusement à la glace; mais, malgré ce rafraîchissement, la chaleur devient telle, au bout d'une demi-heure, que l'on nage pour ainsi dire dans sa sueur. (1) Aussi, le repas terminé, se hâte-t-on de remonter sur le pont afin de respirer la fraîche brise du soir.

Le dortoir peut également se comparer à une étuve. Aussi, nombreuses sont les personnes qui, transgressant les recommandations du docteur, passent la nuit sur le pont, sans souci des rhumes ou de la fièvre qu'elles peuvent ainsi contracter !

Avant de terminer ce premier chapitre, donnons quelques détails sur la nef de Salut : C'est un beau navire mesurant 107 mètres de long sur 15 de large; sa force motrice est de 1 400 chevaux; (2) il jauge 2 800 tonneaux, et sa vitesse moyenne est de onze nœuds à l'heure. Sur son mât d'artimon flotte

(1) Pendant la traversée il a fait une chaleur torride.

(2) On aura mieux idée de cette force, en disant qu'elle équivaut à l'énergie produite par 105000 hommes.

le drapeau de la France; sur sa large cheminée, est peinte en beau rouge la Croix du Saint-Sépulcre. Deux cylindres verticaux sont mis en mouvement par douze fourneaux; le tunnel de l'arbre de couche traverse la moitié du *Notre-Dame de Salut*, et la machine électrique n'alimente pas moins de trois cents lampes. A l'avant, quantité de poules, pigeons, moutons et bœufs sont rassemblés; hélas ! tour à tour, ces pauvres et inoffensifs animaux tomberont sous le couteau du boucher du bord et serviront de nourriture aux heureux passagers. A l'arrière, une charmante et coquette chapelle se dresse sur la dunette des premières. On voit que rien ne manque sur la nef de *Notre-Dame de Salut*, soit pour le temporel, soit pour le spirituel.

Nous sommes à bord exactement 288 pèlerins, parmi lesquels 153 prêtres, 60 dames et 26 étrangers appartenant à diverses nations : Angleterre, Belgique, Brésil, Bulgarie, Canada, Equateur, Italie Luxembourg, Pologne russe, Suisse, Syrie et Turquie.

Grâce à la liste des pèlerins qui nous est distribuée, je m'aperçois que je ne suis pas seul à représenter le diocèse de Valence. Il y a quatre drômois; je ne tarde pas à en faire l'heureuse connaissance. C'est pour moi un plaisir et un bonheur de transcrire ici leurs noms :

M. l'abbé Rémy Seyvet, curé de Châtillon-St-Jean;
R. P. Sylvestre de Brian près Grâne;
R. P. Arthur Desprez id.
Mme Rostaing de Chabeuil.

Sur le vaisseau les relations sont vite établies entre les passagers; ils forment véritablement une grande famille de frères.

Essayons maintenant de présenter sommairement au lecteur le Directeur de la caravane, le R. P. Marie Léopold :

Agé d'une cinquantaine d'années, il est de haute stature, plutôt mince. Le teint est légèrement brun, et la physionomie expressive et intelligente. Le P. Marie Léopold parle d'abondance du cœur; ses allocutions, ses discours font impression et enlèvent. Il est, dans toute l'acception du mot, un excellent directeur de pèlerinage et un véritable apôtre.

Le commandant du navire, M. Pillard, est de Bordeaux : c'est un marin consommé, aimable et complaisant. Il est bien secondé par le capitaine Suzonni, jeune homme vif, alerte, nerveux, toujours prêt à rendre service, soit à la manœuvre, soit aux passagers.

Et, pendant ce temps, la nef continue vaillamment son sillage à travers les eaux calmes de la mer Méditerranée !

CHAPITRE II

DÉTROIT DE BONIFACIO — LE STROMBOLI
DÉTROIT DE MESSINE — COTES DE CANDIE
PENDANT LA TRAVERSÉE — ARRIVÉE A JAFFA

Le samedi 19 août, à 9 heures du matin, nous apercevons, au loin, les côtes de la Corse; et, à 11 heures 1/2, celles de la Sardaigne. Une heure après nous arrivons aux Bouches de Bonifacio. Nous sommes en face de la ville de ce nom; elle compte 4 000 âmes et se trouve perchée sur une haute falaise. A l'aide de son sémaphore une dépêche est envoyée à la *Croix de Paris*. Elle est ainsi conçue:

Le « Notre-Dame de Salut » passe aux Bouches de Bonifacio, route Est; tout est bien à bord. Beau temps.

On peut se demander comment on correspond avec le sémaphore. Le voici, en peu de mots : Les marins hissent des drapeaux de différentes couleurs ces drapeaux expriment et représentent des mots, des phrases même. Ensuite, le préposé au sémaphore balance un drapeau qui signifie : compris.

Nous naviguons entre deux côtes sauvages : énormes rochers stériles, ou parsemées de buissons rabougris. Nous rencontrons un certain nombre d'îles entre autres celles de Lavezzi rendue tristement célèbre par le naufrage de la frégate la *Sémillante*, qui, privée de son gouvernail, vint, par un temps effroyable, se briser contre les roches de l'île. Elle portait tout un régiment en Crimée. Du millier de personnes qui la montaient, pas une seule n'échappa au désastre.

Quelques temps après des plongeurs napolitains retirèrent du lieu où la *Sémillante* avait été engloutie, 700 cadavres, parmi lesquels celui du capitaine Jungan, en grand costume, ainsi que celui de l'aumônier revêtu du surplis et de l'étole, ce dernier tenait à la main un crucifix. N'est-ce pas une raison de supposer qu'il donna solennellement l'absolution aux passagers au moment de la catastrophe. Les soldats, eux, étaient nus. Ils avaient reçu l'ordre de quitter leurs vêtements afin de pouvoir mieux se sauver à la nage.

Et ce fut pendant les trois mois qui précédèrent l'arrivée des plongeurs, un spectacle horrible ! des émanations pestilentielles sortaient de l'eau, des cadavres, rejetés par les vagues, se décomposaient dans les fissures des rochers : ce qui avait attiré des oiseaux de proie et des rats en quantité innombrable...

En passant devant les deux chapelles qui renferment les tombeaux du capitaine et de l'aumônier, devant le cimetière des soldats et la colonne funèbre élevée au lieu de cet affreux sinistre (nous les apercevons très bien du navire) nous nous découvrons religieusement, en même temps que du vaisseau monte, lugubre, la prière des morts, le *De Profun-*

dis. Un pénible sentiment de tristesse a envahi notre âme.

Bientôt nous allons marcher sur un gouffre de 3 659 mètres. Quel abîme, la mer !

20 Août — Nous voici au groupe des îles Lipari. Les principales sont : Lipari, Vulcano, Panari, Salina, Félicudi, Alicudi et enfin Stromboli. Cette dernière île a 20 kilomètres de superficie, et compte 1 500 habitants. Elle est surtout remarquable par son volcan, au pied duquel le commandant a la délicate attention de nous faire passer. Nous sommes alors témoins de plusieurs explosions qui ressemblent assez à des coups de canon. Ce volcan, haut de 921 mètres, est presque toujours en activité. Un panache de fumée s'élève au dessus du cratère; des pierres grisâtres roulent en laissant une longue traînée de vapeur et de la lave brûlante coule en sinueux sillons, sur le flanc de la montagne, se prolongeant ainsi jusque dans les eaux frissonnantes ! N'est-ce pas d'un effet beau et terrifiant tout à la fois ?

Nous contournons l'île :

Devant une modeste chapelle, élevée en souvenir d'un moine français, nous chantons de nouveau, découverts et émus, le *De Profundis*. Ce moine avait été jeté par la tempête sur le rocher de l'île. Un saint ermite le recueillit et lui confia que le séjour du purgatoire était au fond du rocher : « Chaque nuit, disait-il, j'entends les âmes gémir, se plaindre et implorer les prières des chrétiens ! » De retour en France, il fit part de cette vision à Odilon, abbé de Cluny, et celui-ci, divinement inspiré, institua pour son ordre la fête des Trépassés; cette fête s'est depuis répandue dans tout le monde chrétien, et nous la célébrons le lendemain de la Toussaint.

A côté de pentes noircies, désolées, voici des coteaux plantés en vigne, et le curieux village de Saint-Bartolo dont les maisons basses à fenêtres-lucarnes, sont toutes pourvues de terrasses. C'est dimanche, et c'est l'heure de la sortie des vêpres. Aussi les habitants, massés devant l'église, nous regardent passer. Nous échangeons des signes amicaux : les mouchoirs et les chapeaux s'agitent, la sirène salue en envoyant plusieurs cris stridents; le canon gronde et sa puissante voix se répercute par tous les échos de la montagne!... Une seconde dépêche est envoyée par le sémaphore de Stromboli. En voici le contenu : « *Le Notre-Dame de Salut passe dimanche, à 6 heures, devant l'île, en contournant le volcan du côté du port et se dirigeant vers le sud-est.*

Maintenant le jour touche à sa fin; l'horizon brille des derniers rayons du soleil couchant. Le vapeur fier et majestueux, file à une vitesse d'environ 12 nœuds à l'heure, au milieu d'un calme imposant. L'astre de la nuit succède à celui du jour, et nous éclaire de ses douces clartés. Bientôt nous apercevons le phare de Messine ! Son feu grossissant peu à peu nous avertit que nous approchons du célèbre détroit, où, deux gouffres fameux, le Charybde et le Scylla, ont fait jadis tant de victimes. Mais aujourd'hui, grâce à nos vaisseaux à vapeur, nous n'avons plus à redouter ces deux terribles tourbillons.

Que signifie cette multitude de points brillants paraissant à tribord ? C'est la ville de Messine, splendidement éclairée. Il est neuf heures du soir. Nous passons devant elle, pendant que des globes de feu d'artifice se montrent à nos regards. Ces feux sont tirés en l'honneur de saint Joachim, patron du glorieux pontife régnant, Léon XIII ! A ce moment le détroit de Messine présente un coup d'œil féérique !

Puis, à babord, c'est Reggio éclairée, elle aussi, par ses nombreuses lumières.

21 Août — Dans la mer Ionienne, il nous est donné de jouir du spectacle de plusieurs trombes. Ces phénomènes curieux se produisent à une distance peu éloignée de notre vaisseau.

« Les trombes, dit M. Christiam, dans les *Echos de Notre-Dame-de-France*, sont des amas de vapeurs épaisses, animées d'un mouvement de rotation. Elles ont la forme d'un cône dont la base est dirigée le plus souvent vers les nuages, le sommet vers la terre. Ces amas font entendre un bruit ressemblant assez à celui d'une charrette sur un chemin rocailleux.

« Sur terre elles déracinent les arbres, les dépouillent de leurs feuilles, les enlèvent et les transportent souvent à une grande distance.

« Sur mer elles peuvent renverser les petits bateaux et surtout couvrir d'eau les gros navires. »

On a recours au canon pour dissiper les trombes marines; le commandant avait donné des ordres pour que la *pièce* de bord soit chargée, afin de mitrailler l'ennemi, le cas échéant. Mais on n'eut nullement besoin de son bon office, aucune trombe n'ayant eu l'audace de venir nous barrer le passage. Celles que nous apercevions soulevaient l'eau de la mer qui retombait ensuite comme les jets d'une immense fontaine.

A ce même moment, les éclairs sillonnent les nues, la foudre gronde, la pluie tombe à torrents. Aussi les matelots ont, à babord et à tribord, descendu tout près des bastingages la toile imperméable pour nous garantir contre le mauvais temps. Le tangage, assez prononcé, fait qu'on se tient assis au milieu du pont afin d'éviter les chutes et de diminuer les chances du mal de mer, du reste assez rare durant cette traversée. Heureusement l'orage se calme bientôt et l'accalmie succède aux éléments en courroux.

Le 22 Août, à 1 heure de l'après-midi, nous commençons à côtoyer la partie sud de l'île de Candie. Durant 240 kilomètres ce sont des rochers à pic, quelques rares villages, des maisons isolées. Plusieurs habitations, ruinées lors des derniers massacres des chrétiens par les musulmans fanatiques, achèvent d'assombrir ce tableau déjà si lamentable.

Encore deux jours pendant lesquels nous ne verrons que l'azur du ciel et des ondes, puis nous serons devant la ville de Jaffa.

A présent, relatons comment le temps se passe sur le navire. On peut dire tout d'abord qu'on ne s'y ennuie pas. Qu'on en juge plutôt. De grand matin réunion à la chapelle; de nombreux prêtres célèbrent les saints mystères aux 25 autels dressés sur le navire. Près du maitre-autel flotte le drapeau national du Sacré-Cœur faisant pendant à la bannière de l'Hommage solennel, sur laquelle on lit ces mots brodés en jolies lettres d'or : « Cœur de Jésus sauvez la France ! » Vers 8 heures tout le monde a déjeuné; à 9 heures, la cloche appelle à la chapelle pour la récitation du chapelet; à 10 heures, dîner; à midi et demie, conférence sur divers sujets tels que : la Corse, le bramhanisme, le Stromboli, le Pape et le droit international, le Congrès eucharistique de Lourdes, les œuvres de la Bonne Presse la Crète, la Roquette et les condamnés à mort, la messe grecque, la télégraphie sans fil, l'entrée en Palestine.

A 3 heures, chemin de la Croix. La soirée est absolument enchanteresse : conférences avec projections, graphophone, concerts, etc.

Le salut du Très Saint Sacrement, suivi d'avis donnés par le P. Marie-Léopold, clôture ces journées, comme on le voit, très bien remplies.

Après chaque cérémonie, le directeur prononce l'invocation, répétée avec ardeur par la foule pieuse : « *Loué soit le divin Cœur qui nous a acquis le salut ! A lui gloire et honneur dans tous les siècles des siècles !* » Comme c'était imposant ! Aussi me semble-t-il en entendre encore comme de lointains échos !

Le clou de la traversée a été, sans conteste, la belle cérémonie célébrée en l'honneur de Notre-Dame de Lourdes : une grotte érigée artificiellement au-dessus de la dunette du commandant et imitant celle de l'apparition; toute la nef illuminée, la procession aux flambeaux, le discours, le feu d'artifice, le canon, l'apothéose, les chants et acclamations comme à Lourdes, tout cela ne devait-il pas rendre cette fête vraiment splendide !

N'omettons pas de mentionner que, dès le deuxième jour, les célèbres journalistes que sont les P. P. de l'Assomption nous ont gratifiés de la modeste, mais bien intéressante *Croix de la nef*; journal quotidien, illustré. On aimait, sur le pont, assis sur des bancs ou des pliants, à lire cette *Croix* pendant la journée, entre une chaude et communicative conversation et la vue du spectacle magnifique et grandiose que présente la mer !

Comme on peut le penser, le *Notre-Dame de Salut* n'a pas poursuivi sa voie en solitaire, au milieu de l'immensité. Nous avons fait, à une distance un peu éloignée, une partie de la route avec le *Guadiana* des Messageries Maritimes, parti une demi-heure avant nous de Marseille, il se dirigeait vers Constantinople. Nous avons croisé le *Sidon* de la même compagnie, allant de Chypre à Marseille, ainsi qu'un vaisseau anglais allant à Hull. Beaucoup d'autres navires ont été également aperçus, mais leur éloignement ne permettait pas de reconnaître leur nationalité.

Les habitants de la mer nous ont aussi passablement agrémentés de leur compagnie. De temps à autre, des marsouins émergeaient de l'eau; l'un, épris sans doute d'une noble émulation, rivalisait de vitesse avec notre navire, nageant à la proue pendant près de dix minutes. Plus spécialement dans la mer Ionienne, des poissons volants s'élevaient gentiment, au moyen de leurs ailes-nageoires, au-dessus du niveau de la mer pour aller retomber à une distance moyenne d'une centaine de mètres !

Enfin, le jeudi 24 Août, à 7 heures 1/2 du soir, après une traversée excellente, nous arrivons devant Jaffa. (1) Le navire a stoppé... Quelques embarcations, éclairées par un falot, mouillent près de nous. Jaffa, bâtie en amphithéâtre, nous apparaît vaguement aux dernières lueurs du crépuscule.

Demain nous débarquerons.

(1) Nous avons parcouru une distance maritime de 9313 kilomètres.

CHAPITRE III

DÉBARQUEMENT A JAFFA
PRINCIPAUX SOUVENIRS DE CETTE VILLE
LA PLAINE DE SAARON — ARRIVÉE A JÉRUSALEM

25 Août — Le *Notre-Dame de Salut* a été secoué toute la nuit, car il n'y a pas de port à Jaffa; et, de plus, grâce aux forts courants qui viennent de la mer Rouge, du canal de Suez et du continent africain, les vagues déferlent avec une violence inouïe.

Le matin la mer est complètement moutonneuse.

Les bateaux ne peuvent arriver à Jaffa, jusqu'au quai du port, à cause d'une chaîne de rochers qui s'élèvent au-dessus de l'eau, ne laissant que quelques étroits passages, par où seulement de simples barques peuvent s'engager. Aussi, dès la première heure, les Turcs aux costumes bariolés viennent-ils nous chercher dans leurs embarcations: elles dansent comme des feuilles de papier sur la surface des ondes... Nous commençons à entendre résonner à nos oreilles ce cri (qui sera pour ainsi dire incessant pendant notre séjour en Palestine) « bachiche », mot qui a la même signification que « pourboire » en français . Mais les demandes réitérées et importunes de Messieurs les Turcs ne nous émeuvent guère; nous savons d'avance parfaitement à quoi nous en tenir à leur sujet.

Les pèlerins descendent à terre au chant de l'*Ave Maris Stella.* Ils traversent la première ville asiatique, au milieu d'un mélange de races de tous costumes et de toutes couleurs. Çà et là, quelques femmes musulmanes voilées; mais, ce n'est pas le voile, signe de la modestie (et, disons-le, parfois aussi de la coquetterie) que portent nos femmes chrétiennes; c'est celui de la servitude qui les oblige à ne pas paraître en public sans cette pièce d'étoffe, noire ou jaune, leur recouvrant entièrement le visage ou laissant seulement à découvert le front et les yeux. Quelques autres ont la figure teinte en bleu avec le *henné* ce qui leur enlève toute trace de beauté.

En Turquie, la situation de la femme est bien inférieure à celle de l'homme; elle est considérée comme une esclave, soumise aux caprices du maître. Particularité encore plus forte, l'entrée du ciel lui serait littéralement interdite ! En définitive, fort peu aimables pour le beau sexe sont les partisans de Mahomet.

Sur la place du marché, quel encombrement extraordinaire : les chèvres, les ânes et les chameaux y affluent, les denrées de la plaine abondent. Il y a des Grecs, des Syriens, des Italiens, des gens de toutes nations : c'est très pittoresque ! Les diverses races se reconnaissent assez facilement : les Turcs, à la toque rouge (fez); les Arabes et les Bédouins au turban et au couffieh; les Juifs, au petit chapeau rond, à la longue houppelande qu'ils portent sur leur tunique et à leurs cheveux retombant en tire-bouchon de chaque côté de la tête.

Partout, des indigènes, paresseusement assis à la turque dans les rues, fumant le *narghileh* : énorme pipe à pieds et à tuyaux multiples dont nos actifs et remuants français ne s'accommoderaient guère, car l'on ne peut la faire fonctionner que dans la position du fumeur nonchalamment « assis » ou « couché ».

A la gare nous avons un bon moment d'attente. Profitons-en pour repasser sommairement dans notre mémoire les principaux faits dont l'antique Joppé (Jaffa) nous rappelle le souvenir.

La fondation de cette ville se perd dans la nuit des temps, puisque la tradition la fait exister avant le déluge.

Noé y aurait construit l'arche en prévision du cataclysme universel; après le déluge, Japhet, son fils, rebâtit cette ville et lui donna son nom; dans la suite, elle fut détruite et relevée plusieurs fois.

Les bois coupés sur le Liban pour la construction du temple de Salomon y étaient transportés sur des radeaux.

Le prophète Jonas s'y embarqua, au lieu d'aller prêcher la pénitence aux habitants de Ninive.

Judas Macchabée fit périr par le fer et le feu les habitants de Jaffa, pour venger deux cents de ses frères qu'ils avaient noyés.

Saint Pierre y ressuscita Tabithe.

En 1252, Saint-Louis habita pendant quelques temps cette ville et la fortifia.

Enfin Bonaparte s'en empara en 1799, et malheureusement la livra, pendant trente heures, au massacre et au pillage.

Le train s'ébranle. (1) Nous passons à travers les beaux jardins de Jaffa où croissent de grands figuiers, orangers, palmiers, cactus, mûriers, etc. Le terrain, ainsi que celui de la plaine de Sâron, où nous entrons, est un des plus fertiles du monde. La plaine de Sâron est vaste; elle mesure 120 kilomètres de long sur 32 de large. Elle est ondulée, semblable à une mer légèrement agitée, et présente un coup d'œil admirable.

Nous passons successivement aux villages de Yousouf, Beth-Déjan et Safirieh, construits en terre. A cette époque de l'année, leurs habitants sont en train de battre le blé. Suivant l'usage de l'Orient, l'aire est commune à toutes les familles d'une même cité. Aussi ces aires sont-elles extrêmement grandes. Le battage s'effectue ordinairement au moyen des bestiaux qu'on fait piétiner sur les gerbes étendues sur le sol; mais le mode de beaucoup le plus usité, est le traîneau, sur lequel est monté le conducteur, et auquel est attelé un âne ou un cheval.

La chaleur est accablante. Ceux qui ont acheté des grenades à Jaffa les savourent maintenant; l'eau acidulée qu'elles renferment en assez grande quantité, calme assez la soif: c'est bien là le fruit des pays chauds. D'autres, mangent des raisins. Les P. P. de l'Assomption, toujours si dévoués, circu-

(1) La distance de Jaffa à Jérusalem est de 65 kilomètres.

lent dans les vagons avec de grandes corbeilles, contenant d'énormes grappes de raisins blancs. Ces raisins ont une saveur très douce et exquise. Ne sommes-nous pas au pays de Chanaan, pays dont la fertilité était autrefois si grande, qu'au rapport des espions envoyés par Moïse, le lait et le miel y coulaient en abondance.

Actuellement, dans sa plus grande partie, la plaine de Sâron est mal, ou même pas du tout cultivée. Nous y apercevons, de temps à autre, des troupeaux de chèvres, de moutons ou de bœufs, à toison généralement noire, occupés à paître dans d'arides pâturages, brûlés par les rayons du soleil. Les brebis se distinguent surtout des nôtres par leur large queue qui leur recouvre toute la partie postérieure jusqu'aux jarrets; et la race caprine, par ses oreilles tombantes.

Nous ne devons pas oublier que c'est dans cette plaine que Samson brûla les blés des Philistins au moyen de 300 renards ! Quelques esprits forts se sont demandés comment Samson avait pu se procurer autant de ces quadrupèdes. C'est qu'aujourd'hui encore, le renard est commun en Palestine; et, Samson étant juge d'Israël, ne lui était-il pas facile d'en faire apporter des quantités par ses subordonnés ?

Voici Lydda, la Diospolis des Romains, célèbre par la guérison d'Énée (1) opérée par saint Pierre. Plus loin, Ramleh et sa tour des 40 martyrs. Cette tour en ruine serait, pour quelques auteurs anciens,

(1) Paralytique depuis huit ans.

un ancien couvent des Templiers, et pour d'autres, un de ces vieux khans (caravansérail), si fréquents dans le pays. Elle occupe un assez grand espace, d'environ 100 mètres de long sur autant de large.

Ramleh est considérée comme étant la patrie de Nicodème et de Joseph d'Arimathie, qui eurent l'insigne faveur d'ensevelir le corps de Notre-Seigneur-Jésus-Christ.

Nous franchissons le passage étroit et à aspect sauvage de Ouadi-Sarar, la joliette vallée des Roses et la plaine de Raphaïm. A mesure que nous nous approchons de la cité sainte, une émotion indicible s'empare de nos cœurs. La plupart des pèlerins sont debout devant les nombreux vasistas dont sont munis les vagons de notre train. Tous les regards restent fixés du côté où nous entraine rapidement la vapeur.

Voici la tour russe ! Notre-Dame de France sur laquelle flotte le drapeau de notre bien-aimée patrie le dôme du Saint-Sépulcre, les murs imposants et crénelés des fortifications !... Nous sommes à Jérusalem, à la ville tant désirée !.. Nous descendons du train, demeurons un instant recueillis sur le quai, chantons la tête découverte le *Lætatus sum*, et baisons respectueusement la terre. C'est qu'on n'arrive pas à Jérusalem comme dans une autre cité !..

Le consul général, M. Auzépy, et plusieurs représentants des communautés religieuses, nous souhaitent la bienvenue.

Des voitures nous transportent, à travers un nuage de poussière, à Notre-Dame de France.

Nous voici donc dans Jérusalem, dans cette ville célèbre entre toutes, qui a été la cité de David, où Salomon a eu son trône, où s'élevèrent les deux temples de Jorobabel et de Salomon, mais surtout, où s'est accompli le grand drame, à la fois sublime et incompréhensible, qui s'est déroulé, il y aura bientôt 1900 ans, du jardin de Gethsémani au Golgotha, où le fils de Dieu, fait homme, mourut comme un vulgaire malfaiteur, sur un infâme gibet, pour la Rédemption du genre humain ! ! !

CHAPITRE IV

JÉRUSALEM
NOTRE-DAME DE FRANCE
PROCESSION A LA BASILIQUE DU
SAINT-SÉPULCRE — LE SAINT TOMBEAU
LA PIERRE DE L'ONCTION — LA PRISON DE
NOTRE-SEIGNEUR — LE PUITS DE SAINTE HÉLÈNE
LE CALVAIRE

Jérusalem aurait été fondée en 1769 avant Jésus-Christ, par Melchisédech roi et prêtre. Cette ville a été saccagée et détruite plusieurs fois. Les Israélites s'en emparèrent vers l'an 1445 avant la venue du Messie.

La Ville-Sainte compte actuellement 100 000 habitants; elle est située sur le mont Acra, à 780 mètres au-dessus du niveau de la mer. Cette ville est bornée à l'est par la vallée de Josaphat, au sud et à l'ouest par celle de la Géhenne, et au nord par le plateau de Garel. Entourée de montagnes, parmi lesquelles se dressent celles des Olliviers et du Mauvais Conseil, Jérusalem ne peut s'apercevoir de loin. Ses alentours sont en général arides et pierreux, ce qui offre un aspect désolant. La ville elle-même, a des rues étroites et sales, à pavé glissant. Une ombre de tristesse, semble s'étendre sur toute la cité. C'est qu'elle a été déchue de sa grandeur depuis que se sont accomplis les événements annoncés par Notre-Seigneur. Un mur d'enceinte fortifié entoure Jérusalem : il mesure 13 mètres de haut, 2 de large; il est parsemé de tours et de bastions. Sept portes donnent accès dans la ville sainte; ce sont : les portes de Damas (1), d'Hérode, de St Étienne, des Africains, de Sion, de Jaffa et la porte Dorée (2).

Nous avons dit que Jérusalem présente un aspect misérable. Toutefois elle a, dans la dernière partie de ce siècle, beaucoup changé; son commerce a grandi depuis l'organisation des pèlerinages, de nombreuses communautés y ont élevé de magnifiques couvents. Sa prospérité ne pourra que s'accentuer. N'est-il pas dit que cette ville sera grande lors du règne de l'Antechrist et de la conversion des Juifs ?

Parmi ces couvents figure, au premier rang, *Notre-Dame de France*, bâtie en dehors de l'enceinte de Jérusalem et sur le plateau de Garel, à l'emplacement du camp des anciens croisés. Cet édifice, de construction récente, forme un immense corps de bâtiment pouvant loger quatre cents personnes dans des chambres très convenables. C'est avec l'offrande des fidèles que les Pères de l'Assomption l'ont édifié. Cette maison est destinée à recevoir les

(1) C'est celle qui est nommée dans la Bible : *porte d'Ephraïm*.

(2) Cette porte a été murée par les musulmans. Ils croient que les Français doivent un jour s'emparer de Jérusalem et rentrer par la porte Dorée.

pèlerins français. Ces bons religieux nous accueillent à bras ouverts, et nous sentons que nous sommes vraiment chez nous.

« On entre, dit l'abbé Roudot, dans l'hospitalière maison. On gravit quelques escaliers et l'on se trouve en un large corridor qui s'étend devant soi à perte de vue. Avançant l'espace d'une vingtaine de mètres, voici à gauche une petite porte bien fréquentée durant le pèlerinage; elle mène à l'hospice Saint-Louis qui n'est guère séparé de Notre-Dame de France que par un térébinthe trois fois séculaire.

« Ce grand corridor s'étend à droite et à gauche sous la chapelle, en forme de croix. C'est le réfectoire actuel au temps des grands pèlerinages. Trois ou quatre cents convives y tiennent à l'aise; mais il est évident que ceci n'est que provisoire. L'an prochain, s'il plait à Dieu et aux braves gens qui l'aideront, le vrai réfectoire sera construit dans la cour, au chevet de la chapelle, en contre-bas, car le terrain est en pente. Les colonnes du cloître intérieur n'en souffriront pas; la vue continuera de s'étendre vers la Jérusalem nouvelle, qui se bâtit en dehors des murs, sur Saint-Etienne, ce joyaux, sur le mont des Oliviers même.

« Des tours couronneront bientôt, espérons-le, ce vaste édifice. »

Après une réfection et un repos, certes bien mérités, les pèlerins se retrouvent, à 4 heures de l'après-midi, à la chapelle. Le drapeau français ouvre la marche; on arbore la bannière de l'Hommage solennel; la procession se forme, et, précédés des orphelins des Filles de la Charité, nous nous dirigeons vers la porte de Jaffa, pour défiler dans la rue principale de Jérusalem. On chante les cantiques : *Je suis chrétien* et *Catholique et Français toujours !* Sur tout le parcours, une grande foule se presse, composée de gens de diverses races et de diverses religions : juifs, musulmans, grecs schismatiques, arméniens, etc.; et cependant pas le moindre désordre ne se produit. Au contraire, tous regardent d'un air sérieux et grave. La tolérance n'est pas pour eux un vain mot. Malgré nous nous pensons à notre pauvre France, pays essentiellement catholique, où sont interdites, en maints endroits, ces pacifiques manifestations de notre foi.

Nous arrivons au parvis de l'immense basilique du Saint-Sépulcre. Nombreux sont les marchands d'objets de piété. Cette basilique est bien un des lieux les plus saints de la terre, et nous y faisons notre entrée solennelle. On chante le *Te Deum* d'une voix émue. Le P. François-Joseph nous adresse une touchante allocution, il nous dépeint l'état misérable de l'édifice, état occasionné par la dissension des diverses nations. Le P. Marie-Léopold lui répond et traduit les sentiments dont est rempli le cœur du pèlerin, se trouvant pour la première fois devant la Sainte Basilique.

Revenons un peu en arrière. Quand on a franchi la porte d'accès dans le sanctuaire (gardé par les Turcs qui prélèvent un droit d'entrée hors les grandes solennités) on se trouve en face d'un mur couvert de tableaux byzantins. C'est le côté méridional de l'ancien chœur des chanoines, aujourd'hui église grecque. (1) Un peu avant ce mur, est placée une longue pierre en marbre rouge, ornée à chaque angle d'un pommeau doré, et sur laquelle brûlent 10 lampes : c'est la pierre de l'Onction. (2) Elle recouvre la partie du rocher où le corps du Sauveur fut déposé après sa mort, pour y être embaumé par Nicodème et Joseph d'Arimathie. Les pèlerins, en entrant et en sortant, s'agenouillent devant cette pierre et la baisent avec respect.

A 12 mètres, à gauche de ce lieu saint, une pierre circulaire surmontée d'une cage en fer, indique l'endroit où se tenaient les trois Maries. (3) pendant que Notre-Seigneur était sur la croix.

A 6 mètres de là, au nord, on entre dans la rotonde. Elle a environ 20 mètres de diamètre et est supportée, avec la coupole qui la surmonte, par 18 gros pilastres. Trois vastes galeries superposées entourent cette vaste rotonde; au centre s'élève le saint Edicule. Ce dernier a la forme allongée; il est divisé en deux parties : sur le devant, à l'est, il présente une surface carrée, et à l'ouest, un pentagone. Sa hauteur est de cinq mètres. Cet édicule, recouvert d'une grossière maçonnerie et orné de 16 pilastres en marbre rougeâtre, est surmonté d'une balustrade à colonnettes massives. De chaque côté de l'entrée sont des chandeliers énormes.

La première partie du mausolée sacré est appelée

(1) Voir plan : Chœur des Grecs.

(2) — — n° 11

(3) La Vierge Marie, sa sœur Marie, femme de Cléophas, et Marie-Magdeleine.

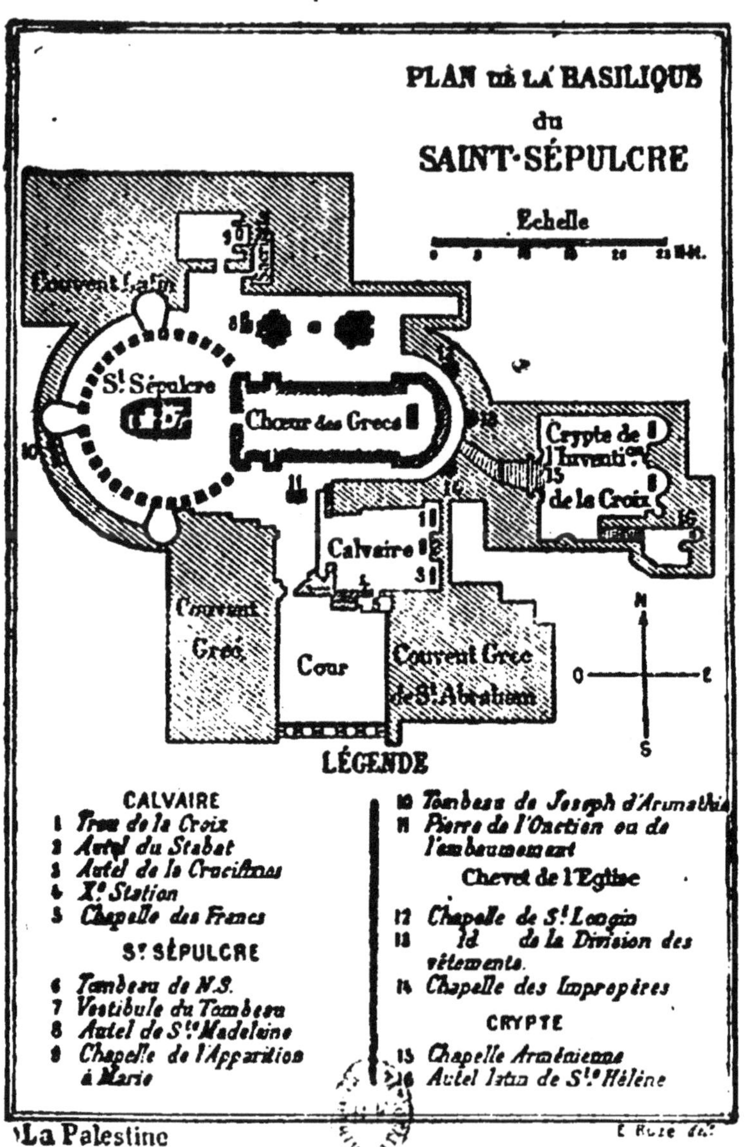

La Palestine

E. Roze del.

la chapelle de l'Ange; suivant le saint Évangile, ce fut là que l'ange du Seigneur annonça aux saintes Femmes (1) la résurrection du Sauveur. Dans cette chapelle, où brûlent 15 lampes, on voit une partie de la pierre qui fermait l'entrée du Saint Sépulcre, et sur laquelle se tenait l'ange quand les trois Femmes vinrent pour embaumer le corps de Notre-Seigneur. (2)

Nous courbons la tête pour passer dans la seconde chapelle (3); elle renferme le Tombeau où est resté déposé le corps de N. S. Jésus-Christ, pendant trois jours, jusqu'à sa Résurrection glorieuse. Il s'élève à 0^{m} 60 au dessus du pavé; sa longueur est de 2 mètres et sa largeur de 0^{m} 90; il est recouvert de marbre blanc, ne portant aucune inscription ni bas-relief. Quarante trois lampes en or et en argent, sont continuellement allumées dans ce Lieu sacré. Profondément émus, nous avons défilé un à un devant le Saint Sépulcre et nos lèvres ont embrassé ardemment la pierre en marbre qui le recouvre et le préserve ainsi des indiscrétions des pèlerins qui le mutileraient pour avoir des reliques. Peut-être nous demandera-t-on quels sentiments on éprouve en ce lieu trois fois saint. Ils sont si variés, se succèdent si rapidement, qu'il est impossible de pouvoir les analyser. Un prêtre intelligent me le disait : on est comme « suffoqué » surtout la première fois qu'on se trouve en présence de ce

(1) Marie Magdeleine, Marie mère de Jacques et Salomé.

(2) Plan n° 7

(3) — n° 6

tombeau si vénérable !

Si l'on enlevait la pierre qui recouvre le Saint Sépulcre on apercevrait encore dans les interstices du rocher les traces du sang divin, mêlées aux aromates qui servirent à embaumer le corps du divin Sauveur.

Faisons ici une remarque : aux principaux sanctuaires de Jérusalem, autour du Saint Tombeau, tous les cultes dissidents (six nations, les latins, les Arméniens, les Grecs, les Cophtes, les Abyssins et les Syriens) y célèbrent leurs offices, à rites différents, et presque à la même heure. Aussi toutes ces cérémonies si dissemblables ne manquent-elles pas de produire une étrange cacophonie, bien faite pour surprendre et étonner les personnes qui n'y sont pas habituées et qui visitent ces lieux pour la première fois.

Continuons à visiter les nombreux sanctuaires que recouvre le vaste édifice. Sur le devant de l'Edicule s'ouvre la grande église, destinée par les croisés aux chanoines, et actuellement occupée par les disciples de Photius. (1) Elle est formée d'une grande nef, surmontée par un dôme élevé, et terminée à l'orient par une abside couverte d'une coupole. Au centre de cette abside est un vase de marbre blanc, supportant un hémisphère appelé « le nombril de la terre ». Cet hémisphère indiquerait que c'est ici le milieu de notre planète. Cette croyance est ancienne en Orient. Nous ne nous attarderons pas à en discuter la valeur scien-

(1) Chœur des Grecs. (Plan)

titique. Mais, dans un sens mystique, le Calvaire n'est-il pas le centre où sont fixés les regards de tous, où toutes les confessions chrétiennes sont représentées ? Les Grecs unis et non unis, les Russes orthodoxes, les Latins, les Arméniens, les Cophtes, les Protestants, etc., ne se pressent-ils pas pour avoir une chapelle, un édicule, un couvent sur le terrain sacré ?...

La cloison (Iconostase) qui, selon l'usage grec, sépare la nef du sanctuaire, est couverte d'assez riches tableaux et de sculptures en bois doré.

En partant de la façade du saint Edicule, tournée du côté de l'orient, et en suivant son côté nord, on arrive à la chapelle des Cophtes qui y est adhérente. Au nord-est de la porte de ce sanctuaire on entre dans une petite pièce conduisant à une chapelle syrienne; l'on y montre le caveau (1) que Joseph d'Arimathie fit creuser pour y être enseveli. C'est dans le tombeau qu'il s'était tout d'abord réservé pour lui-même, qu'il déposa le Sauveur.

La croyance générale est que ce saint homme partit en compagnie de Lazare, de Marthe, de Marie-Magdeleine et de l'aveugle-né pour venir aborder à Marseille. De cette ville il se serait rendu en Angleterre.

Au sortir de cette chapelle et en marchant vers l'est, on quitte la rotonde; et en tournant à gauche on arrive à l'église de sainte Marie-Magdeleine (2) élevée en souvenir de l'apparition de Notre-Seigneur

(1) Voir plan n° 10
(2) — — n° 8

à cette sainte Femme. Magdeleine se tenait près du sépulcre; elle pleurait. S'étant retournée elle vit Jésus debout devant elle, mais elle ne savait pas que ce fut lui. « Femme, lui dit-il, pourquoi pleurez-vous ? qui cherchez-vous ? » Celle-ci, pensant que c'était le jardinier, lui dit : « Seigneur, si c'est vous qui l'avez enlevé (le corps de Jésus) dites-moi où vous l'avez mis et j'irai le prendre. » Et Jésus de lui répondre : « Marie ! » « O Maître ! » s'écria-t-elle en se précipitant vers lui.

A l'extrémité nord de la chapelle de sainte Marie-Magdeleine, on monte par quatre degrés dans l'église des P. P. Franciscains, placée sous le vocable de l'Apparition de Notre-Seigneur à sa très-sainte Mère. Dans ce même lieu, saint Macaire et sainte Hélène obtinrent la résurrection d'une femme qu'on portait au cimetière, en lui faisant toucher le bois de la Vraie Croix. On y conserve une partie de la colonne de la Flagellation; cette colonne sera exposée quelques jours plus tard à notre vénération.

Continuant notre marche dans le déambulatoire, nous arrivons à un sombre sanctuaire creusé dans le roc. C'est la prison du Christ. D'après la tradition, l'Homme-Dieu y fut enfermé pendant les derniers préparatifs de son supplice. On y montre une pierre percée de deux trous; on y aurait passé les pieds du Sauveur et on les aurait liés par dessous avec une chaîne.

Nous avançons toujours et passons à la chapelle de saint Longin. (1) St Longin est le soldat qui

(1) Voir plan n° 12

transperça de sa lance le côté du Christ. Il se convertit après la passion du Sauveur et fut martyrisé en Cappadoce.

Encore quelques pas et nous voilà à la chapelle de la Division des vêtements. (1) Les habits des suppliciés étaient abandonnés aux soldats; il en fut ainsi de ceux du Christ. Sa tunique sans couture fut tirée au sort. Elle se trouve aujourd'hui dans la cathédrale de Trèves, en Allemagne.

Un escalier de 29 marches conduit dans l'église abyssinienne de sainte Hélène. (2) Au fond de ce sanctuaire, taillé dans le roc, se dressent deux autels dédiés, l'un au bon larron, l'autre à sainte Hélène. C'est devant ce dernier que l'impératrice sainte Hélène se tenait en prière, pendant les fouilles pratiquées dans la citerne où furent jetés les instruments du supplice : treize marches y conduisent. La croix y fut miraculeusement retrouvée, et cette chapelle porte le nom de l'Invention de la Sainte-Croix. De nombreux œufs d'autruche, en guirlande, décorent ce lieu.

Dans l'abside du Saint-Sépulcre il y a la colonne des *Impropères* (3), tronçon de marbre gris sur lequel était assis le Sauveur, dans le prétoire de Pilate, avec une couronne d'épines sur la tête, un lambeau de pourpre sur les épaules, et un sceptre de roseau dans la main; ce pendant que les soldats l'abreuvaient d'outrages, l'insultaient, fléchissaient

(1) Voir plan n° 13
(2) — — n° 16
(3) — — n° 14

le genou devant lui en lui disant avec dérision : « Salut, roi des Juifs. »

Nous voici devant l'escalier de 18 marches qui conduit au Golgotha ou Calvaire. Nous le gravissons. Arrivés au sommet nous sommes en présence d'une surface presque carrée d'environ 14 mètres de côté. Deux pilastres séparent les deux chapelles qui le recouvrent. *Voici, à gauche, l'autel sous lequel se voit, entourée d'un cercle d'argent, l'ouverture figurant celle où fut enfoncé le pied de la croix où le Christ Sauveur expira pour le salut des hommes !* C'est donc là que le Maître du monde a consommé son dernier sacrifice ! Inclinons-nous respectueusement et baisons ce lieu trois fois saint. Un grand et beau crucifix domine l'autel ; il est placé entre une *Mater Dolorosa* et un saint Jean : images de grandeur naturelle, richement peintes sur bois, qui laissent chez le visiteur une impression indéfinissable. On croirait vraiment assister au dernier soupir de Jésus crucifié. De chaque côté de l'autel de la Plantation de la Croix, à environ 2 mètres en arrière, une plaque ronde indique *l'endroit où furent plantées les croix des deux larrons.* Tout près du même autel, on voit, en soulevant une plaque d'argent, la fente miraculeuse qui se fit au rocher, lorsque la sainte Victime rendit le dernier soupir. « Alors, nous dit l'Evangile, la terre trembla, le voile du Temple se déchira, les rochers se fendirent. » Cette fente du roc ne suit pas les couches de pierres, mais partage transversalement le rocher, en contre sens des veines et se prolonge bien avant dans les entrailles de la terre. On peut y passer aisément la main. (1)

A droite, c'est l'autel du *Stabat Mater.* (2) La Sainte Vierge, ô cruel moment ! reçut en ce lieu le corps inanimé de son divin Fils, détaché de la croix.

Sur la même ligne, encore plus à droite, s'élève l'autel du Crucifiement (3) : une surface oblongue en mosaïque marque l'endroit précis où Notre-Seigneur était étendu sur l'instrument de son supplice, pendant que les bourreaux enfonçaient les clous dans ses mains et dans ses pieds adorables.

Un peu plus bas, vers l'escalier, une rosace indique le lieu où la sainte victime fut dépouillée de ses vêtements.

Le Calvaire, comme le Saint Tombeau, a perdu sa forme et son aspect primitifs. Le rocher a été découpé tout autour par sainte Hélène, afin de l'isoler; il a disparu sous un revêtement de marbre. Cette transformation, faite dans un but louable sans doute, n'est-elle pas regrettable, et n'aimerait-on pas mieux voir ces lieux tels qu'ils étaient à l'époque du crucifiement du Christ ?

(1) Cette ouverture n'est pas la primitive. Dans le siècle dernier, les Grecs dissidents et rapaces coupèrent la partie du rocher contenant l'ouverture véritable pour la transporter à leur ville sainte, Constantinople. Mais une mer, qu'on aurait dit courroucée de ce larcin, ensevelit sous ses flots, avec le vaisseau, les passagers et la précieuse relique.

(2) Voir plan n° 2

(3) — — n° 3

Descendons du Calvaire. Arrivés au pied de la sainte montagne, nous pénétrons dans la Grotte d'Adam. En entrant, se trouve, à droite, le tombeau du pieux-chevalier et roi très-chrétien de Jérusalem, Godefroy de Bouillon et à gauche, celui de Baudouin, comte de Flandre, également roi de Jérusalem. On remarque aussi dans cette grotte l'emplacement du tombeau de Melchisédech, qui, d'après la tradition hébraïque, aurait fondé Jérusalem. Vers le fond de la chapelle, au milieu de la partie orientale, se voit une excavation où l'on aurait déposé le crâne d'Adam. Melchisédech, à qui le chef du premier homme échut en partage, l'apporta avec lui lorsqu'il vint fonder Salem (Jérusalem). Ici, à cinq mètres au-dessous du faite du Calvaire, on voit la fente qui coupe le rocher en deux, d'une façon contraire à toutes les lois physiques et naturelles.

La chapelle de Notre-Dame des Sept-Douleurs, contigüe au Calvaire. recouvre l'endroit où se tenaient, d'après la tradition, la Sainte-Vierge et saint Jean au moment où les bourreaux attachaient Notre-Seigneur à la croix. Une des fenêtres de la chapelle s'ouvre sur la sainte Montagne.

Dans ces différents sanctuaires, tous les jours, à 4 heures du soir, les P. P. Franciscains font une procession en chantant des hymnes, nous y prendrons part plusieurs fois.

Nous voilà revenus sur la place de la basilique du Saint-Sépulcre. A la façade, deux portes (dont l'une est actuellement murée) sont en ogive et ornées d'archivoltes délicatement travaillées. Deux fenêtres à plein cintre sont décorées de feuillages et de nombreuses moulures. Sur le linteau, et malgré quelques mutilations, on aperçoit, en bas-relief finement sculpté, l'entrée triomphale de Jésus-Christ à Jérusalem, au milieu de la multitude tenant à la main des palmes et des rameaux.

Plusieurs couvents sont enclavés dans les constructions du Saint-Sépulcre : entre autres, le couvent grec de Saint-Abraham. Dans ce monastère on remarque une citerne de trente mètres de long sur dix de large et vingt-six de profondeur. Si les citernes, destinées à recueillir l'eau des pluies, sont nombreuses à Jérusalem, c'est que la ville n'est alimentée que par une source : la source de Siloé.

La basilique actuelle du Saint-Sépulcre a été construite au septième siècle, par Modeste, sur les ruines de celle de sainte Hélène. Elle a été ensuite restaurée par les croisés, qui, des trois églises primitives, celle du Calvaire, du saint Tombeau et de l'Invention de la sainte Croix, n'en firent plus qu'une. Aussi ce vaste monument est-il d'une structure vraiment étrange.

Nous quittons vivement impressionnés cette mystérieuse colline du Calvaire qui restera, d'une manière indélébile, profondément gravée dans notre cœur.

Le soir, nous revenons à Notre-Dame de France. Le repas est égayé par les poésies et les chants des P. P. de l'Assomption et de leurs élèves. Puis, à la fin, les becs lumineux s'éteignent instantanément; alors, au bout du réfectoire, apparait soudain une croix immense, formée de 300 lampes électriques, projetant un éclat éblouissant. Les assistants se lévent, et, tête découverte, chantent : *O crux ave.* Il en sera de même tous les soirs.

La bénédiction du T. S. Sacrement, à la chapelle, termine ces magnifiques et inoubliables journées !

Deux mots au sujet de cette gracieuse chapelle de N. D. de France. Sa nef est élancée; elle a une double tribune, un pavé en mosaïque, des fresques exécutées avec art. Dans l'abside, le dessus du maître-autel et la statue de la Vierge, placée dans une niche, sont, au Salut du soir, illuminés d'un cordon de lampes électriques.

CHAPITRE V

VISITE AU PATRIARCHE ET AUX FRÈRES DES ÉCOLES CHRÉTIENNES LE MONT MORIAH — MOSQUÉE D'OMAR MOSQUÉE EL AKSA — ÉCURIES DE SALOMON ÉGLISE SAINT ÉTIENNE — TOMBEAU DES ROIS

Samedi, 26 Août — Après avoir assisté le matin à la messe célébrée au Saint-Sépulcre, nous nous retrouvons à 9 heures au patriarcat pour y saluer Mgr Piavi, patriarche latin de Jérusalem. Son Excellence bénit les pèlerins et leur adresse de paternelles paroles. Nous faisons une station chez les Frères des écoles chrétiennes, dont le dévouement pour propager la langue et l'amour de notre patrie est, à Jérusalem, comme dans tout l'Orient, à toute épreuve.

Le soir, accompagnés des P. P. de l'Assomption et des Petits Frères de Jérusalem qui nous servent de guides, nous nous rendons à l'esplanade du mont Moriah. Là, sur cette remarquable colline, s'élevaient jadis le temple bâti par Salomon et brûlé 406 ans après par Nabuchodonosor, et celui édifié par Zorobabel, au retour de la captivité des Juifs, sur les ruines de celui de Salomon. C'est dans ce temple que se rendit le Sauveur, à l'âge de 12 ans. Il écoutait et interrogeait les docteurs de la loi; tous ceux qui l'entendaient étaient étonnés de sa sagesse. Ce dernier temple fut complètement détruit par Titus... suivant la prédiction faite par le Sauveur.

Aujourd'hui le mont Moriah présente une vaste esplanade de 500 mètres de longueur sur 300 de largeur. A plusieurs endroits on voit le roc qui a été taillé à coups de ciseau. Il ne reste plus rien des anciens temples qui faisaient autrefois l'admiration du monde, si ce n'est un mur d'enceinte dont nous aurons l'occasion de parler plus loin.

Au centre de l'esplanade du mont Moriah, s'élève la mosquée la plus vénérée après celles de la Mecque et de Médine : la mosquée d'Omar. Bien qu'appelé ainsi, ce monument n'est pas l'œuvre d'Omar, mais d'In-Mérouan qui le fit construire il y a 1200 ans. Il remplace celui qu'y avait élevé Omar. La mosquée actuelle, de style byzantin, est fort imposante; elle a la forme d'un octogone régulier avec 56 fenêtres, et sa coupole est terminée par l'étendard des Turcs, un immense croissant doré. Le diamètre de la mosquée d'Omar est de 55 mètres. Avant la guerre de Crimée un chrétien ne pouvait y pénétrer sous peine de mort. On peut la visiter aujourd'hui moyennant une forte somme d'argent, et la permission du *pacha*. Les fils de Mahomet n'en sont pas contents, nous a-t-on dit, mais qu'importe ! Les *cawas* ou gendarmes d'honneur du consulat nous précèdent; ils sont superbes avec leur canne à pommeau d'argent à la main, le large cimeterre à fourreau ciselé au côté, et la veste à manches flottantes, de couleur rouge et bleue soutachée d'or, comme celle des anciens janissaires.

Nous passons auprès de la haute tour Antonia, observatoire pour les soldats du Croissant; elle domine toute la vallée de Josaphat. Il ne reste plus qu'une partie de cette tour. Elle servait de palais au gouverneur romain Ponce-Pilate. Anciennement tour Barris, le roi Hérode le Grand la fit beaucoup fortifier et l'appela tour Antonia. Elle permettait au gouverneur de surveiller les Juifs venus en foule autour de leur Temple, à l'occasion des solennités pascales.

Le Prétoire où Jésus-Christ fut condamné à mort se trouvait tout auprès.

Nous entrons dans la mosquée d'Omar, non en nous découvrant respectueusement la tête, comme dans nos églises, mais en quittant nos chaussures. N'est-ce pas absurde et grotesque ? Il nous faut porter nos souliers aux mains... Quelques uns ont bien voulu tenter de forcer la consigne, mais la chose leur a été absolument impossible : à la porte les factionnaires turcs inspectaient minutieusement les pieds des rentrants et barraient impitoyablement le passage à tout prévaricateur. Néanmoins les babouches sont permises. Lorsqu'on a pénétré dans l'intérieur de la mosquée, on est surpris à la vue des grandes proportions, des belles mosaïques et des superbes vitraux de cet édifice. Sous la coupole se trouve la *Sakra*, rocher sur lequel, d'après la tradition, Abraham allait immoler son fils Isaac. Le roi David offrit un sacrifice au Seigneur sur l'aire d'Ornan le Jébusite, et l'arche d'alliance y reposa pendant la construction du temple de Salomon.

Nombreuses sont ici les fictions musulmanes. Parlons seulement de celle de la fin du monde : dans une plaque de japse il y avait autrefois 19 clous en or fixés par Mahomet lui-même. On en compte encore aujourd'hui trois et demi : lorsqu'ils auront tous disparus, la pauvre humanité aura cessé d'exister. Nous laissâmes tomber à la hâte le tapis qui les recouvrait, car approchait l'iman chargé de les garder.

Les musulmans montrent dans la mosquée d'Omar l'étendard et la lance de ce conquérant, ainsi que le lieu où il vint faire sa prière après la prise de Jérusalem.

Rappelons que dans cette mosquée 10 000 musulmans furent impitoyablement passés au fil de l'épée par les croisés lorsqu'ils s'emparèrent de Jérusalem. Le sang, nous dit l'Histoire, s'y élevait jusqu'aux genoux.

A l'est de la mosquée, là où se trouvait l'autel des holocaustes, dix-sept colonnades supportent un petit édifice à dix pans.

A l'extrémité de la colline de Moriah, vers le sud il y a la mosquée El Aksa ; elle a la forme d'un parallélogramme. Sa longueur est de 90 mètres, sa largeur de 60 ; ses nefs sont au nombre de sept. Elle occupe l'emplacement de l'église de la Présentation de la Sainte Vierge bâtie par Justinien.

C'est à l'extrémité sud de la grande nef que se trouve l'emplacement approximatif de l'habitation de la Sainte Vierge, lors de son séjour dans le temple, et en même temps l'endroit où elle offrit son divin enfant au Seigneur selon les prescriptions de la loi juive.

El Aksa devint palais royal sous les croisés : on l'appelait alors le palais de Salomon. Il en fut cédé une partie aux Templiers, et l'on peut voir leur salle d'armes, contigüe à la mosquée.

Nous descendons dans les écuries de Salomon, vastes souterrains qui ont dû servir d'écuries, très probablement à l'époque du roi de ce nom, mais sûrement pendant les croisades. Les Templiers y logeaient leurs chevaux. Aux angles des 88 piliers carrés qui soutiennent les voûtes, on voit les trous où l'on passait les licous des chevaux pour les y attacher.

27 Août — Le pèlerinage assiste à la messe, célébrée solennellement dans la belle église de saint Etienne. Cette église renferme le tombeau de ce saint et l'endroit où il fut lapidé. M. le consul général de France assiste à la cérémonie.

L'église saint Etienne, très élevée, a trois nefs; ses matériaux sont très riches; lorsqu'elle sera terminée elle dépassera en grandeur et en magnificence tous les monuments modernes de la cité.

Après avoir visité les fouilles faites aux abords de la basilique de saint Etienne, on se rend aux *tombeaux des Rois.* Un escalier de 22 marches aboutit à une vaste cour carrée taillée dans le roc. Au-dessus d'un large vestibule, on voit sur le rocher une frise délicatement sculptée, ayant en relief des fruits du feuillage et une grappe de raisins : emblèmes de la terre promise.

« Les cryptes sont derrière; on s'y rend par un soupirail précédant une antichambre carrée. C'est le premier caveau suivi par sept autres plus petits. Dans chacun d'eux sont vingt-quatre tombes en forme de niches, avec banquette pour recevoir les cercueils. Les fours sont creusés dans le roc vif et fermés par des meules à moulin. » (Abbé Castanier)

Ainsi que leur nom semblerait l'indiquer ces souterrains n'ont pas servi de sépulture aux rois de Juda; mais à Hélène, reine de la Mésopotamie (on y a retrouvé son cercueil) et aussi, très probablement, à beaucoup de membres de sa famille, fixés avec elle à Jérusalem. Cette nécropole somptueuse aurait servi aussi aux rois Asmonéens et Assyriens.

Tout en cheminant, notre guide nous fait remarquer une maison verte et habitée par une secte d'anabaptistes. « C'est curieux, nous dit-il, les hommes vivent là, en commun avec les femmes, font vœu de chasteté, et attendent... la venue du Messie. »

Ils peuvent attendre longtemps encore.

Sur le parcours de la porte de Damas à la porte Saint-Etienne, au nord-est, on rencontre la grotte de Jérémie, irrégulièrement constituée, et mesurant 33 mètres de long sur 13 de haut. Elle servit de retraite au grand prophète. C'est là qu'il annonça les malheurs qui devaient fondre sur sa patrie coupable, et qu'il composa ces admirables *lamentations* qu'on chante encore dans nos églises les trois derniers jours de la Semaine-Sainte.

CHAPITRE VI

BETHLÉEM
BASILIQUE DE LA NATIVITÉ
LA SAINTE GROTTE — VISITE DES SOUTERRAINS — GROTTE DU LAIT
CHAMP DES PASTEURS — CHAMP DE BOÖZ
MONT DES FRANCS — VASQUES DE SALOMON
TOMBEAU DE RACHEL

Le lundi, 28 Août, à 5 heures du matin, nous partons en voiture pour Bethléem, où nous arrivons une heure après. Cette ville est à 8 kilomètres environ de Jérusalem, et à 777 mètres d'altitude. Elle est bâtie en amphithéâtre avec ses terrasses et ses blanches maisons, sur deux collines pierreuses. Aux alentours s'étendent des vallées fertiles, plantées d'arbres et de vignes. Sa population est de 6000 âmes. Sa fondation se perd, comme celle de Jaffa, dans la nuit des temps, puisqu'elle existait 1740 ans avant Jésus-Christ. Booz était de Bethléem, et le prophète Samuel y sacra roi d'Israël, par l'ordre de Dieu, le jeune pâtre David. Jacob, père de saint Joseph, est né dans cette ville; sainte Anne, mère de la sainte Vierge, y aurait également vu le jour. Abézan, juge d'Israël pendant 7 ans, est né aussi à

Bethléem. Mais ce qui rend surtout cette ville illustre entre toutes, c'est incontestablement la naissance du Messie.

La basilique de la Nativité a été construite par sainte Hélène en 327; elle est donc très ancienne. C'est un monument vaste et admirable : son plan général a la forme d'une croix latine; ses cinq nefs sont larges de 27 mètres et longues de 55; elles sont séparées en onze travées par quarante-quatre colonnes monolithes, en calcaire ou marbre jaunâtre veiné de rouge et de blanc. Ces colonnes, placées sur quatre rangs par quatre pilastres engagés dans le mur, ont une hauteur de six mètres et sont surmontées de chapiteaux de l'ordre corinthien.

Nous assistons à la messe du pèlerinage et entendons une touchante allocution du P. Arthur, un *drômois*.

Nous descendons par un escalier de 16 marches dans la grotte de la Nativité, elle se trouve sous l'église même. C'est une grotte naturelle, qui servait à abriter des animaux, comme on en voit en grand nombre encore dans cette contrée. Sa forme est irrégulière : elle a 12 mètres de longueur, 3 ou 4 de largeur et 3 de hauteur. Trente-une lampes éclairent cette enceinte, qui ne reçoit aucun jour du dehors.

Voilà donc l'étable où naquit le Maître du monde, Celui qui disposait pourtant des cités et des palais ! Sur le pavé de marbre rayonne une étoile d'argent sur laquelle on lit cette inscription latine :

Hic de virgine Maria Jesus-Christus natus est.

Ici Jésus-Christ est né de la Vierge Marie.

Elles sont puissantes les émotions qui s'emparent du pèlerin à cette vue. Mais qui pourrait les raconter ?

A quelques pas plus loin, voici une excavation, dans le rocher, en forme de crèche. C'est là que fût déposé l'Enfant-Dieu. Inclinons-nous « joyeusement » devant le *berceau du Roi des rois*; et rappelons-nous cette touchante légende d'un âne et d'un bœuf réchauffant de leur douce et tiède haleine le corps frêle et délicat du petit Enfant-Jésus. Les margelles de la Crèche n'y sont plus; elles ont été transportées à Rome dans l'église de Sainte-Marie-Majeure.

Voici l'autel des Mages; il est placé à l'endroit même où les rois Gaspar, Melchior et Balthazar, venus de l'Orient, guidés par une étoile miraculeuse, adorèrent l'Enfant-Dieu.

Un étroit passage nous conduit aux grottes dites souterraines : c'est d'abord la chapelle construite sur le lieu où saint Joseph reçut de l'ange l'ordre de partir pour l'Egypte avec sa famille, afin d'échapper à la cruauté d'Hérode. C'est ensuite le caveau des Saints Innocents qui renferme les restes de quelques-uns de ces jeunes martyrs.

Ce sont enfin les autels érigés sur les tombeaux de saint Eusèbe de Crémone, sainte Paule, saint Eustochie et saint Jérôme.

A l'oratoire de saint Jérôme est une salle souterraine dans laquelle ce saint docteur vaquait nuit et jour à l'étude de la sainte Ecriture.

Nous nous rendons à la grotte du lait ainsi appelée parce que la Sainte-Famille s'y réfugia en attendant de fuir plus loin pour éviter la persécution. En allaitant le divin enfant, la sainte Vierge laissa tomber quelques gouttes de lait sur la pierre, et la tradition rapporte que depuis lors ces pierres ont la vertu de donner du lait aux nourrices. Aussi les mères catholiques, turques, schismatiques et même les femmes des Bédouins, venues du fond de leur désert, prennent un peu de cette pierre crayeuse, la font dissoudre dans de l'eau et la boivent après avoir adressé une prière à la sainte Vierge. Beaucoup assurent avoir ainsi obtenu la grâce demandée.

En dehors de Bethléem, nous pouvons voir vers le sud-est le village de Beit-Sahour, à côté duquel se trouve un carré planté d'oliviers : c'est là que les bergers apprirent par les anges la naissance du Messie. A l'est de Beit-Sahour se déploie une petite plaine, c'est l'ancien champ de Booz où vint glaner Ruth, la Moabite. Ce champ a configuration ondulée, est un des plus fertiles de la Judée. Il est d'une longueur et d'une largeur moyennes d'un kilomètre. Le jeune pâtre David qui devint plus tard le roi d'Israël y menait paître ses troupeaux.

Le mont des Francs s'élève devant nous. C'est l'ancienne résidence du roi Hérode, dit le Grand; un escalier de 200 marches y conduit. C'est là qu'est la sépulture de ce roi sanguinaire qui ordonna d'exterminer tous les enfants mâles de Bethléem, qui n'avaient pas encore deux ans.

Ici se place une petite anecdote assez plaisante : ne voulant pas quitter Bethléem sans emporter au moins quelques petits souvenirs, je rentrais dans un magasin. Après avoir fait choix de divers objets, j'en demandais tout naturellement le prix. C'est ... fr.... me fut-il répondu ! La somme me paraissant quelque peu exagérée, je voulus la faire diminuer. « Ici c'est à prix fixe. » ajouta-t-on de l'air le plus sérieux et le plus grave du monde.

N'étant nullement au courant de la valeur des objets en nacre, j'en donnais finalement le prix demandé.

Et aussitôt le marchand de me remercier de la manière la plus aimable du monde. Il poussa même la délicatesse jusqu'à me demander mon nom. Je le lui déclinais et alors je l'entends dire, non sans quelque peu de naïveté, chose commune en ces pays : « M. *de* B... revenez, M. *de* B... amenez-nous beaucoup de monde ; au revoir M. *de* B... » Et une grande révérence accompagnait ces paroles.

Les *petits souvenirs* étaient payés près du double de leur valeur réelle ; à ce prix les titres nobiliaires ne sont pas chers ! Il faut se méfier des Syriens... ils sont comme beaucoup de Français peu gênés par les scrupules.

On part pour les Vasques de Salomon, trois immenses réservoirs, creusés dans le roc vif, construits probablement par le roi de ce nom. Mais leur forme actuelle remonterait aux croisés. Elles servaient à recueillir l'eau qu'un acqueduc, dont on voit encore des restes considérables, conduisait à Jérusalem. Voici les dimensions de ces remarquables réservoirs : le premier, le plus au nord, à peu de distance duquel se trouve Kalâah-el-Bourah, château-fort en partie ruiné, a 116 mètres de longueur, 70 de largeur et 7 à 8 de profondeur ; le deuxième, 129 mètres de longueur, 70 de largeur et 12 de profondeur, et le troisième 177 de longueur 64 de largeur et 15 de profondeur. Leur contenance totale est de 34.324.000 litres.

Les croisés, mourant de soif, étaient chaque jour obligés d'y envoyer chercher de l'eau pour se désaltérer.

Nous prenons le chemin de Jérusalem et faisons une courte halte au tombeau de Rachel, épouse de Jacob. Le sépulcre est en forme de dos d'âne, de la hauteur d'un homme : il est recouvert d'un édifice avec coupole. Nombreuses sont, à ce moment, les femmes musulmanes ou juives venues en pèlerinage pour obtenir la fécondité.

Après quelques minutes de route, nous apercevons sur le mont Tantoure, un grand établissement. Il recouvre le lieu où Jacob, revenant de la Mésopotamie, dressa ses tentes et où Rachel mourut en mettant au monde son fils Benjamin.

Toutes ces visites terminées, nous revenons à notre hôtellerie. Nous ne devons point passer sous silence que nous y sommes comme des petits rois. Pour nous donner la force de mieux résister au climat toujours débilitant pour un étranger, nos repas sont de vrais festins. Les aliments sont toniques riches en matières reconstituantes. Deux vins fins (blanc et rouge), si capiteux qu'un plein verre, sans mélange d'eau, suffirait à donner le vertige, figurent à chaque repas.

D'excellente limonade, bien fraiche, et de bonnes infusions de camomille nous sont également servies à discrétion par des personnes préposées à cet effet.

Et nos souliers, que nous laissons le soir devant la porte de nos chambres, sont, le lendemain matin, parfaitement cirés. Ne croirait-on pas qu'une fée bienfaisante a passé par là ?

Que dire des moelleux sophas, placés le long du grand corridor ! Comme ils servent bien à nous délasser au retour de nos excursions parfois assez pénibles. Quel Eden !

CHAPITRE VII

VALLÉE
DE JOSAPHAT
JARDIN DE GETHSÉMANI
GROTTE DE L'AGONIE — TOMBEAU
DE LA SAINTE-VIERGE — SÉPULTURES
D'ABSALON, DE JOSAPHAT, DE ZACHARIE
ET DE SAINT JACQUES LE MINEUR — FONTAINE
LA PISCINE DE SILOÉ — MONT DU SCANDALE
LIEU DU MARTYRE DU PROPHÈTE ISAIE
JARDINS DE SALOMON — LÉPROSERIE
CHAMP D'HACELDAMA — VALLÉE
DE LA GÉHENNE — DEVANT
NOTRE-DAME DE
FRANCE

La journée du 28 août ne fut pas moins bien remplie dans l'après-midi que dans la matinée. Nous partons, la plupart à pied, quelques-uns montés sur des ânes ou des chevaux. Nous nous dirigeons vers la vallée de Josaphat située à l'est de la Ville-Sainte, tout-à-fait sous les remparts.

Qui ne se rappelle que David, fuyant devant Absalon, son fils révolté, traversa cette vallée, pieds nus et la tête voilée, pour aller se réfugier au désert avec un petit nombre de ses fidèles serviteurs. Qui ne sait que Notre-Seigneur la traversait aussi lorsqu'il se rendait à la montagne des Oliviers ou à Béthanie. C'est là encore que, d'après la prophétie de Joël, le Fils de Dieu doit convoquer tous les hommes au dernier jugement. On se demandera peut-être comment tous les hommes qui auront vécu sur la terre pourront se trouver, à la fin des temps, réunis en ce lieu relativement si étroit ?

La réponse est bien simple.

Il n'y a absolument rien d'impossible à l'Auteur de la création ! Et la prophétie de Joël se réalisera aussi infailliblement que se sont accomplies les prédictions des autres prophètes.

Cette vallée offre un aspect bien triste : un torrent sans eau (le Cédron), des rochers nus, quelques arbres rabougris, très peu de verdure, partout des monuments funèbres, deux grands cimetières. A droite, celui des musulmans; chaque tombe a une bâtisse ayant aux deux extrémités deux petites colonnes surmontées de turbans; à gauche, le cimetière des juifs : une dalle en pierre, blanchie à la chaux et portant des inscriptions hébraïques, est posée à plat sur les sépulcres. Si les musulmans ont établi leur cimetière à droite de la vallée de Josaphat, c'est, disent-ils, afin d'occuper la droite au jugement dernier. Les juifs au contraire ont choisi la gauche afin de dormir leur dernier sommeil en face de l'ancien temple de Salomon. Aussi beaucoup de personnes, appartenant au judaïsme ou à la religion de Mahomet, même très éloignées de ce lieu, recommandent-elles de les enterrer dans ces cimetières..

Sur la vallée de Josaphat s'ouvrait autrefois la porte dorée, actuellement murée. C'est par cette porte que les croisés pénétrèrent dans Jérusalem; c'est aussi par là que Notre-Seigneur fit son entrée triomphale dans la Ville-Sainte le jour des Rameaux.

Nous voici au jardin des Oliviers ou de Gethsémani. Ce jardin est entouré d'une clôture pour le préserver des indiscrétions des pèlerins; nous circulons tout autour. Les P. P. Franciscains y cultivent des fleurs. L'un d'entre eux nous en cède quelques tiges et veut bien, à ma demande, me donner un morceau de branche d'un des huit oliviers plusieurs fois séculaires. Selon la tradition, ces oliviers sont contemporains de Notre-Seigneur Jésus-Christ; le Maître réunissait souvent ses apôtres sous leur ombrage pour les instruire et vaquer à la prière. L'olivier, selon Pline, est immortel; il repousse de ses racines. Les huit arbres du jardin de Gethsémani ont un tronc énorme : l'un d'entre eux mesure 8 mètres de circonférence.

Autour des murs et à l'intérieur du jardin, Isabelle II, reine d'Espagne, a fait placer un chemin de croix composé de 14 petites chapelles, renfermant des tableaux peints sur porcelaine de Valence. A ce moment des pèlerins en parcourent pieusement les stations.

C'est au jardin de Gethsémani que, la veille de sa Passion et quelques instants avant d'être arrêté par la cohorte des soldats, conduite par le traître Judas, Notre-Seigneur fit entendre cette parole qui résumait les tribulations et les angoisses de son esprit : « Mon âme est triste jusqu'à la mort ! »

A côté du jardin des Oliviers une petite colonne marque l'endroit précis de la trahison de Judas. Tout près sont les rochers où s'endormirent les trois apôtres, Pierre, Jacques et Jean.

Nous suivons un chemin qui, au bout de quelques minutes, nous conduit à la grotte de l'agonie : là même où le Seigneur alla prier et passer les heures d'angoisses qui précédèrent son arrestation. Cette grotte, de 10 à 12 mètres de long sur 7 à 8 de large, existe dans son état naturel. Au fond sous le maître-autel est l'endroit où le divin Sauveur se tenait prosterné pendant son agonie; c'est là qu'il prononça ces paroles : Mon Père, s'il est possible que ce calice s'éloigne de moi ? Mais que votre volonté soit faite et non la mienne. » Paroles sublimes et touchantes, pleines de la sainte résignation du Fils de Dieu à la volonté de son Père. Sous l'autel on lit, avec une indicible émotion, ces mots gravés sur une plaque de marbre :

Hic factus est sudor ejus sicut guttæ sanguinis !
Ici il lui vint une sueur comme des gouttes de sang

En sortant de la grotte et en suivant l'unique chemin qui y conduit, nous arrivons au parvis de l'ancienne basilique de l'Assomption, construite par sainte Hélène et restaurée par les croisés. De cette église il ne reste plus que la crypte dont la façade est décorée de deux grandes ogives concentriques et flanquée de deux contreforts romans. 48 marches en marbre conduisent dans l'intérieur. A la 7e marche, à droite, une ouverture indique l'endroit où

Mélissende, femme de Foulque, roi de Jérusalem, fut inhumée; à la 21e deux autels se trouvent sur les tombeaux de sainte Anne et de saint Joachim, parents de la Très Sainte Vierge. Un peu plus bas, dans le mur à gauche, l'on voit une chapelle qui renferme les sépultures de saint Joseph et du vieillard Siméon.

Cette église, de 32 mètres de long sur 7 de large, a la forme d'une croix latine. C'est dans le bras droit que se trouve le saint Edicule renfermant le tombeau de la Sainte Vierge. Nous vénérons ce lieu trois fois béni qui a gardé pendant un temps les restes de la Vierge Immaculée; car on sait que la Sainte Vierge n'y resta pas longtemps : son corps, préservé de la corruption du tombeau, fut transporté au Ciel par les anges.

Descendant le long de la vallée de Josaphat, nous rencontrons le tombeau d'Absalon, curieux monument monolithe taillé dans le roc. Il est orné sur chacune de ses faces de quatre demi-colonnes, et surmonté d'une maçonnerie ronde en forme de bouteille, terminée par une pointe cylindrique au haut de laquelle est un gros bouquet de palmes.

Absalon s'était fait tailler ce monument funèbre pour perpétuer sa mémoire; il n'y fut pas inhumé. Tué dans sa révolte contre son père, il fut jeté dans une grande fosse, à l'est du Jourdain. Autrefois les abords de ce monolithe étaient encombrés de pierres. Les Juifs y jetaient des cailloux, en exécration de ce fils rebelle, en répétant cette malédiction de nos Livres saints : « Maudit soit celui qui méprise son père et sa mère. »

Le tombeau de Josaphat est à côté. Le roi de ce nom n'y a pas été inhumé; nous lisons, en effet, dans le troisième livre des Rois, que ce prince fut enseveli dans la cité de David.

Le tombeau de Zacharie ressemble beaucoup à celui d'Absalon. Suivant la tradition, ce Zacharie serait le fils de Barrachie, tué entre le temple et l'autel.

Enfin le tombeau de saint Jacques le Mineur a servi de sépulture à l'apôtre de ce nom, établi par saint Pierre premier évêque de Jérusalem.

La caravane traverse le pont du Cédron; du haut de ce pont une soldatesque effrenée aurait précipité Jésus dans le torrent. Ce forfait se serait accompli pendant que l'on conduisait le Sauveur chez les grands-prêtres Anne et Caïphe. On montre encore l'empreinte qu'auraient laissé sur le rocher les genoux du Fils de Dieu.

Nous passons successivement à la fontaine de Siloë, à la piscine du même nom, au puits de Jacob, à la léproserie, pour remonter par la partie inférieure de la vallée de la Géhenne.

Un escalier de 32 marches conduit à la fontaine de Siloë, ou de la Sainte Vierge. Cette fontaine, taillée dans le roc à environ 8 mètres de profondeur, est située sur le versant méridional du mont Sion. Les Arabes l'appellent *Notre-Dame Marie*. La Sainte Vierge vint souvent y puiser de l'eau pendant son séjour à Jérusalem. Nous goûtons de cette eau qui est excellente. De nombreuses femmes, pour la plupart du village de Siloë, en remplissent leurs outres qu'elles transportent ensuite sur leur tête ou sur leur dos en les retenant par des cordes.

Devant nous, à l'est, est le mont du Scandale; sur cette montagne Salomon fit élever des temples aux fausses divinités des femmes étrangères qu'il avait épousées. C'est pour cela qu'on l'appelle mont du Scandale. D'après la tradition, le traître Judas s'y pendit de désespoir, à un figuier. Sur les flancs de cette montagne est bâti le village de Siloe, remarquable par ses maisons superposées en étage sur des rochers à pic et sur de grandes cavernes dont quelques unes, habitées maintenant par les vivants, ont jadis servi de tombeaux.

La piscine de Siloë reçoit ses eaux de la fontaine que nous venons de quitter. Elle est à jamais célèbre par la guérison de l'aveugle-né. « Va, dit Jésus-Christ à l'aveugle de naissance, dont il venait d'enduire les yeux avec de la terre délayée dans un peu de salive, va et lave-toi dans la piscine de Siloë. » Il y alla, se lava et revint ayant recouvré la vue.(1)

De l'église qui s'élevait autrefois sur la piscine, il ne reste plus que quelques tronçons de colonnes.

Nous passons près d'un gros mûrier planté sur le lieu où le prophète Isaïe fut scié en deux, par ordre du cruel Manassès, roi de Jérusalem.

Le puits Bir-Ayoub , ou de Job, a 29 mètres de profondeur et est construit en grosses pierres qui

(1) Évangile selon saint Jean. IX, 7. — L'aveugle-né ne serait autre que saint Restitut, débarqué à Marseille en compagnie de Lazare... De là, il vint ensuite dans la Drôme, et devint évêque de Saint-Paul-Trois-Châteaux, où on vénère son tombeau.

paraissent très anciennes. Suivant la croyance générale, c'est dans ce puits que les Israélites, avant de partir pour la captivité de Babylone, cachèrent, par ordre du prophète Jérémie, le feu sacré du temple.

Bir-Ayoub est placé au confluent de deux vallées: la Géhenne et Josaphat. Ces vallées se réunissent pour n'en former plus qu'une, affreusement déserte et brûlée, s'étendant jusqu'à la mer Morte. Cette unique vallée prend dès lors le nom de vallée du feu.

Entre le puits de Job et la piscine de Siloë, il y avait les jardins du roi dont parle l'Ancien-Testament. Les jardins tout-à-fait rustiques qu'on y voit aujourd'hui, n'ont plus rien de la magnificence royale.

La léproserie se trouve un peu plus loin au sud du village de Siloë. Des lépreux. les membres tuméfiés, rongés par les ulcères, nous tendent la main, et d'une voix suppliante nous demandent l'aumône. Nous nous empressons de la leur donner, car les pauvres malheureux ne vivent guère que de la charité publique. Des sœurs de St Vincent de Paul, ô sublimité de la religion catholique ! viennent deux fois par semaine, panser leurs plaies hideuses ! Ces lépreux, logés dans de misérables taudis, d'où s'exhalent des odeurs nauséabondes, n'ont pour ainsi dire pas de communication avec le monde. Par leur mariage, qui a lieu forcément entre eux, ils transmettent à d'autres générations l'impitoyable et effroyable mal. Nous visitons à la hâte la léproserie car le jour baisse rapidement, et il nous reste encore à parcourir la vallée du fils d'Hennon, appelée aussi Gihon, ou de la Géhenne. Cette vallée est plantée de grenadiers et d'oliviers. Sur un de ses flancs se trouve le champ d'Haceldama, ou du potier, acheté pour la sépulture des étrangers avec les trente deniers de Judas. Dans ce terrain, acquis avec le prix du sang, on continue d'ensevelir les personnes appartenant à d'autres nationalités. Aussi y voit-on dans des chambres funéraires que nous parcourons à la lueur de flambeaux, des sépulcres recouverts par un mauvais suaire. En soulevant un coin de ce voile lugubre on se trouve en présence d'ossements de toute sorte. A l'époque des Croisades on inhumait à Haceldama les pèlerins morts à Jérusalem, et son nom était Charnier de *Chaudemar*.

C'est sur le sommet du mont du Mauvais-Conseil, limite méridionale de la vallée de la Géhenne, que la tradition place la maison de campagne de Caïphe. Là, les Juifs tinrent conseil pour décider du sort de Jésus-Christ. C'est ce qui lui a fait donner le nom caractéristique de mont du *Mauvais-Conseil.*

Le fond de la vallée de la Géhenne porte le nom de Taphet. C'est en cet endroit que les Israélites, se laissant parfois entraîner à l'idolâtrie, avaient élevé une statue au dieu Moloch, et venaient lui sacrifier des animaux et même des êtres humains. Ils faisaient feu dans l'intérieur de la statue, puis, lorsque les deux grandes mains qu'elle tendait en avant étaient rouges, ils y déposaient des enfants; le roulement du tambour se faisait alors entendre, pour couvrir les cris douloureux des victimes. Triste exemple bien propre à nous faire comprendre dans quel état de barbarie on peut tomber, lorsqu'on oublie le vrai Dieu.

Dans la partie supérieure de la vallée de la Géhenne on remarque le caveau funéraire où fut enseveli le grand-prêtre Anne. Huit des apôtres s'y retirèrent après l'arrestation de N. S. Jésus-Christ au jardin des Oliviers, d'où son nom (synonyme ici de lâcheté) de « Retraite » des Apôtres.

A la tombée de la nuit nous sommes de retour à Notre-Dame de France. Comme à l'ordinaire, des indigènes, des Bédouins stationnent devant l'hôtellerie; les uns nous offrent d'échanger notre monnaie, d'autres invitent les pèlerins à visiter leurs magasins; quelques-uns enfin, frappés d'étonnement à la vue de la lampe électrique qui domine la porte de l'établissement, en demandent naïvement le prix pour l'acheter. Inutile de dire que les Pères ne consentent pas à conclure de marché !

Des policiers turcs se tiennent à la porte de Notre-Dame; ils répriment à l'occasion ceux des indigènes qui deviennent trop importuns ou qui voudraient pénétrer dans la maison. Ils sont parfois obligés pour cela, d'avoir recours à la « courbache » (espèce de cravache) qu'ils portent avec eux, et dont ils ne ménagent pas les coups sur le dos des récalcitrants.

CHAPITRE VIII

LE MONT SCOPUS
LE MONT DES OLIVIERS
LE LIEU DU PATER, DU CREDO
ET DE L'ASCENSION — EXCURSIONS A SAINT-JEAN-IN-MONTANA — LA BASILIQUE DU MAGNIFICAT — LA BASILIQUE DE LA NATIVITÉ DE SAINT JEAN-BAPTISTE — COUVENTS SAINTE-CROIX ET DU ROSAIRE

Mardi 27 Août — Tandis qu'une partie des pèlerins se rendait sur les rives brûlantes du Jourdain ou de la mer Morte, nous, nous allâmes aux monts plus cléments du Scopus et des Oliviers, tout en suivant la voie réparée, l'année précédente, pour l'empereur d'Allemagne Guillaume II.

C'est sur ce mont Scopus, que le grand-prêtre Jaddus vint, en habits sacerdotaux, au-devant d'Alexandre-le-Grand qui arrivait avec son armée. Il le pria de ne pas rentrer dans la ville de Jérusalem. A la vue du grand-prêtre Alexandre se prosterna et acquiesça à la demande qu'on lui faisait.

Le mont des Oliviers ! Que de souvenirs n'évoque-t-il pas ! Titus, pendant le siège de Jérusalem, y fit camper la 10e légion; les croisés, avant de donner l'assaut à la Ville-Sainte, se rendirent sur cette montagne en chantant des Litanies; et là, l'immortel promoteur des croisades, Pierre l'Ermite, leur fit un discours avec la foi ardente qui le caractérisait. Jésus y passait des nuits en prière; c'est là qu'il apprit le Pater à ses apôtres. En mémoire de ce fait, une française, la princesse de la Tour d'Auvergne (1), a fait élever à cet endroit un curieux monument; la belle prière du Pater y est écrite en 32 langues différentes, et même (ce qui m'a fort étonné et surpris) en breton et en provençal! L'établissement du Credo est compris avec celui du Pater; les apôtres, avant de se séparer, y composèrent cette sublime profession de foi. A une faible distance de là, on nous montre l'endroit où Notre-Seigneur, se rendant triomphalement à Jérusalem, le jour des Rameaux, s'arrêta pour pleurer sur la ville coupable et prononça ces paroles : « Ah! si tu reconnaissais au moins en ce jour, qui t'est encore donné, ce qui peut te procurer la paix! mais maintenant tout cela est caché à tes yeux. Bientôt viendront les jours où tes ennemis t'environneront de tranchées; ils t'enfermeront, te presseront de toutes parts, ils te jetteront à terre et de tes murs il ne restera pas pierre sur pierre. » (2) Cette terrible prophétie se réalisait 40 ans plus tard. Alors le temple et la ville furent détruits par Titus, 1 100 000 juifs renfermés dans Jérusalem périrent, et 97 000 autres furent vendus comme esclaves et dis-

(1) Cette princesse y a son tombeau.

(2) St Luc, XIX, 41.

persés.

Revenons à notre sujet : ce qui rend particulièrement la montagne des Oliviers célèbre, c'est sans conteste l'Ascension du Sauveur. Dans une mosquée on peut voir dans le roc, l'empreinte qu'a laissé un de ses pieds lorsque Jésus s'éleva au ciel. L'autre empreinte s'est effacée avec le temps.

De ce mont illustre, couronné par le village de Zeitoun et par une tour élevée (1) appartenant aux Russes, on jouit d'un panorama magnifique. A l'ouest, tout prés, se déroule la grandiose Cité Sainte; au côté opposé, à l'est, c'est, puissant contraste, un vaste et majestueux désert. Là coule le Jourdain sur les bords duquel N. S. J. C. reçut le baptême de saint Jean-Baptiste. La mer Morte s'y étend aussi, sur une longueur de 80 kilomètres et une largeur de 16 à 20, selon les saisons: elle nous apparait comme une belle nappe unie. C'est sur l'emplacement de la mer Morte que s'élevaient autrefois Sodome, Gomorrhe, Adama, Seboïm, villes de la Pentapole du Jourdain, consumées, à cause de l'énormité de leurs crimes, par une effroyable pluie de feu et de soufre. Les eaux de la mer Morte sont six fois plus denses que celles de la Méditerranée, et sont chargées de sel et de bitume; leur goût est amer et elles sont très corrosives, aussi, les poissons, amenés par le Jourdain, y meurent bientôt et les oiseaux la traversent à la hâte, suffoqués qu'ils sont par les émanations sulfureuses qui s'en dégagent. C'est un lieu maudit. On aperçoit aussi le mont de

(1) Cette tour a un escalier de 214 marches.

la Quarantaine, affreux désert où Notre-Seigneur jeûna pendant 40 jours; l'emplacement de Jéricho, dont les murs de défense croulèrent au son des trompettes. Là, comme à la mer Morte, la dépression est de 400 mètres au-dessous du niveau de la mer : c'est la plus grande du monde, et la chaleur, concentrée dans ces espèces de labyrinthes, y est insupportable. A l'horizon se dressent devant nous les montagnes arides et élevées de Moab, où errèrent pendant 40 ans les Hébreux avant d'entrer dans la Terre Promise. Parmi ces monts figure le mont Nébo, c'est là que mourut Moïse le grand législateur des Israélites. Plus près de nous, au nord, nous apercevons le petit bourg d'Ephraïm, où se rendit quelquefois le Sauveur.

Le mont des Oliviers est fertile : des vignes, des caroubiers, des figuiers et surtout des oliviers le recouvrent.

30 Août — L'excursion à St-Jean-in-Montana peut se faire en voiture. Nous sommes un groupe de 7 ou 8 pèlerins qui préférons aller à pied. Notre modeste caravane est des plus gaie. Deux pèlerins peu ordinaires, en font partie : un *Lillois* et un *Belge* arrivés ici ni par la voie ferrée, ni par le bateau, mais, ce qui parait incroyable, à pied ! Le Belge a mis six mois. non sans passer par de nombreuses vicissitudes durant le voyage. Il logeait avec nous à Notre-Dame de France et était un pèlerin modèle : il m'a laissé une fort bonne impression. Le *Notre-Dame de Salut* l'a rapatrié jusqu'à Naples...

Pendant le trajet nous croisons des files de chameaux (navires du désert selon l'expression arabe) montés par des indigènes. Nous voyons de nombreuses femmes, pieds nus, vêtues simplement d'une longue tunique bleue et portant sur leur tête une espèce de grand panier, rempli de figues ou de raisins. Tout ce monde se rendait au marché de Jérusalem.

Nous passons devant le *champ du foulon*, qui s'étend à l'est. Là, 180 000 soldats de Sennachérib furent tués par l'ange exterminateur.

A 6 heures du matin nous arrivons à Saint Jean dans la montagne. Ce bourg, très pittoresque, compte 1200 habitants; il est environné d'une ceinture de verdure et la vallée en est très fertile. Dans les jardins croissent d'énormes plantes potagères, entre autres des poivrons et des tomates de toute beauté.

Voici la fontaine de la Vierge, ainsi appelée parce que, durant son séjour chez sa cousine Elisabeth, la Mère du Sauveur vint y puiser de l'eau.

Nous allons assister à la messe à la basilique de la Visitation ou du Magnificat, bâtie sur l'emplacement de la maison de campagne de saint Zacharie. Ici, la Sainte Vierge rendit visite à sa cousine Elisabeth; celle-ci, à sa vue, sentit tressaillir l'enfant qu'elle portait dans son sein, et s'écria : « Vous êtes bénie entre toutes les femmes et le fruit de vos entrailles est béni. » Alors Marie de répondre : « Magnificat anima mea Dominum... Mon âme glorifie le Seigneur... etc. » (1)

On voit dans cette église, dans le mur à droite,

(1) Evangile de St Luc, chap. I.

une niche qui aurait reçu saint Jean Baptiste lors de la persécution d'Hérode. Elisabeth s'enfuit dans la montagne, après avoir déposé son enfant sur le rocher qui se ramollit aussitôt; le petit Jean s'y enfonça comme dans de la cire. Ce rocher miraculeux fut transporté à la place où on le vénère aujourd'hui, par les premiers constructeurs du sanctuaire.

Sur l'emplacement de la maison de saint Zacharie (1) père de saint Jean Baptiste, est érigée la basilique de la Nativité de saint Jean. Cette église est construite d'après le style de la Renaissance; de lourds piliers massifs la partagent en trois nefs écourtées; les parois sont tapissées de faïence blanche à dessins bleus. Dans la crypte se trouve une grotte, taillée dans le roc, où brûlent continuellement 6 lampes. Sous l'autel, une ouverture ronde indique le lieu où sainte Elisabeth donna naissance au « plus grand d'entre les enfants des hommes ». On y lit sur une plaque, enchâssée dans le pavé, cette inscription :

Hic præcursor Domini natus est.

C'est là que naquit le précurseur du Seigneur.

Une rapide réfection a lieu chez les bons Pères Franciscains. Puis recommencent les visites et excursions. Certains vont à St Jean du Désert voir la grotte qu'habita pendant 20 ans saint Jean Baptiste; il s'y préparait à sa mission par la pénitence et la prière, n'ayant pour tout vêtement qu'une tunique

(1) Il ne faut pas confondre celle-ci avec sa maison de campagne.

en poil de chameau et pour toute nourriture que des sauterelles (1) et du miel sauvage.

D'autres préfèrent se rendre au couvent des Dames de Sion, situé au bord de la vallée du Térébenthe; de cette vallée, le jeune David envoya, avec sa fronde, au front du géant Goliath, une pierre qui le terrassa d'un coup. Une religieuse nous y reçoit avec ce bon sourire gaulois... Elle nous fait visiter la chapelle, puis la chambre du P. Ratisbonne, juif converti et fondateur de la communauté religieuse des Dames de Sion, dont le but est d'instruire les jeunes filles juives. Dans sa chambre, rien n'a été dérangé depuis sa mort, survenue le 6 mai 1884; on y voit son manteau avec le vêtement blanc qu'il prenait pour aller au soleil; sa canne dans un coin; sur sa table, ses livres et sa barrette, et, sur sa cheminée, une pendule marquant encore l'heure de son dernier soupir.

Nous traversons le jardin et arrivons au cimetière. A gauche, ombragée d'un laurier, la tombe du P. Ratisbonne; plus loin, à l'extrémité de ce terrain funèbre, celle des religieuses.

Après cette visite qui ne peut inspirer que de sérieuses réflexions sur la fragilité de notre existence, sur notre fin et notre destinée future, nous allons nous reposer sur des bancs, à l'ombre de beaux arbres. Gracieusement, des rafraîchissements nous sont offerts, en même temps que les jeunes orphe-

(1) Cet insecte formait, en Palestine, la nourriture du pauvre; il était broyé et mêlé avec la farine, ou rôti et cuit dans le beurre.

lines nous font gentiment entendre des chants, à deux parties, en langue française et arabe.

Au retour nous passons au couvent de Sainte Croix, des Grecs non-unis. On dirait une forteresse. Il est situé au milieu d'un nid de verdure, d'oliviers d'arbustes verdoyants. Dans l'église du couvent, sous le maître-autel, on montre la place, peut-être trop précise, où fut coupé l'arbre de la vraie croix; c'était un noyer, selon les uns, un olivier, selon les autres. La croix du Sauveur avait, dit-on, 5 mètres de longueur et pesait près de cent kilos.

Une courte visite est également faite à un-autre couvent : celui du Rosaire, situé tout près de Jérusalem. Des rafraîchissements nous sont aussi servis et une image de fleurs rares nous est donnée en souvenir. Des orphelines arabes nous chantent quelques morceaux. Que le lecteur me permette de rapporter ici ce simple et aimable refrain, qui se gravait fidèlement dans notre mémoire et que l'on aimait tant à entendre :

Chantons de la France
Les nobles pèlerins;
Chantons leur vaillance
En de joyeux refrains !

C'est ce même jour que se passa ce simple fait que le patient lecteur voudra bien me permettre de lui raconter : je me trouvais à causer avec un jeune et intelligent Syrien, âgé d'une vingtaine d'années, qui suivait le cours de médecine chez les Jésuites de Beyrouth. Je lui faisais observer combien j'étais frappé du grand amour des indigènes pour la France. « Les habitants des autres puissances, me répondit-il, viennent chez nous pour leur propre intérêt; les Français, au contraire, nous rendent, par leurs religieux, les plus signalés services. Ils soignent généreusement nos malades et instruisent avec beaucoup de dévouement nos enfants. »

Gloire soit donc rendue aux religieux qui font tant aimer notre patrie à l'étranger.

CHAPITRE IX

BETHPHAGÉ — BÉTHANIE
LE TOMBEAU DE LAZARE — EMPLACEMENT DE LA MAISON DE LAZARE, MARTHE ET MARIE — LE CONSUL A NOTRE-DAME DE FRANCE

31 Août — Nous arrivons à Bethphagé. C'est là que le divin Sauveur monta sur une ânesse pour faire son entrée triomphale à Jérusalem. Un très bel oratoire, construit par les P. Franciscains, s'élève autour de la pierre qui, suivant la tradition, servit de marchepied au Messie.

Béthanie, située à 3/4 d'heure de marche environ de Jérusalem, dans la direction du sud-est, est tout proche de Bethphagé.

Notre-Seigneur aimait à se rendre souvent à ce bourg où demeuraient ses amis, Lazare, Marthe et Marie. Ce village offre un aspect misérable : il est composé d'une trentaine de masures arabes, disséminées parmi des ruines.

Le tombeau de Lazare est une grotte souterraine, pratiquée dans le rocher. On y accède par un escalier de 23 marches. Il est formé de deux salles, ayant chacune à peu près 3 mètres de long sur autant de large. La première est celle dans laquelle se tenait Notre-Seigneur, lorsqu'il commanda à Lazare, inhumé depuis 4 jours dans la seconde, de se lever. Ici, devant ce tombeau, l'âme ressent tout à la fois de douces et fortes impressions. Ce lieu n'est-il pas le témoignage vivant de la résurrection future ? N'en déplaise à certains athées, plus fanfarons que convaincus, malgré toutes leurs dénégations, ils n'échapperont point à la régle commune et seront bien obligés, à l'appel divin, de sortir de leurs tombeaux. Près du tombeau de Lazare se trouvent les ruines de sa demeure. Jésus-Christ y recevait souvent l'hospitalité.

Nous passons à côté d'un large rocher, appelé la *pierre du Colloque*; Jésus y était assis quand Marthe vint lui dire : « Seigneur, si vous eussiez été là, mon frère ne serait point mort. »

Le soir, à Notre-Dame de France, grand festin, présidé par le consul général, M. Auzépy. Toutes les communautés religieuses de Jérusalem sont représentées par leurs supérieurs. Au dessert, le R. P. Marie-Léopold prononce une émouvante allocution : il salue la France protectrice des Lieux-Saints et continuant à accomplir dans le monde la sublime mission que Dieu lui a confiée. Il salue le grand pape Léon XIII, ainsi que M. le Consul Général, digne et intelligent représentant de notre pays en Palestine. M. Auzépy lui répond en un excellent discours où il affirme en termes élevés le rôle constamment bienfaisant de la France en Terre-Sainte, et l'heureuse influence du pélerinage de pénitence à Jérusalem.

Avant de clore ce chapitre que le lecteur trouvera un peu court, donnons l'énumération du menu qui composait le repas :

Potage	Daube de bœuf	Pogne
Beurre	Pommes de terre frites	Crème
Sardines	Poulet rôti	Fromage
Cornichons	Salade	Raisins

Vin rouge, vin blanc sec, vin blanc doux. Thé.

CHAPITRE X

MESSE AU SANCTUAIRE DE L'ECCE-HOMO — ARC DE L'ECCE-HOMO — CHEMIN DE LA CROIX SUR LA VOIE DOULOUREUSE — MUR DES PLEURS DES JUIFS

1er Septembre — Le matin, à 7 heures, nous assistons à la messe dans l'église de l'Ecce-Homo, au couvent des Dames de Sion. L'établissement est situé au-dessus de plusieurs grandes citernes et d'un immense tunnel hébraïque parfaitement conservé. Dans cette église on remarque, derrière le maître-autel, le pied droit, qui forme arcade, de l'arc de l'Ecce - Homo, et dont les blocs de pierre sont à nu. Il est surmonté d'une très belle statue en marbre blanc représentant l'Ecce-Homo. Le grand arc, à cheval sur la rue, existe encore. C'est du sommet de cet arc que Pilate présenta au peuple, après l'avoir fait cruellement flageller, Notre-Seigneur couronné d'épines et revêtu de pourpre, en disant : « *Ecce-Homo !* » Voilà l'homme. On connaît la triste et inconcevable réponse de la foule : *Qu'il soit crucifié !*

Un excellent déjeuner nous est offert, pendant lequel, dissimulées derrière une tenture, les jeunes élèves des Dames de Sion chantent une cantate aux pèlerins de France. « On se croirait à Bethléem, car on y entend les anges », s'écrie le Père Directeur... Nous visitons ensuite l'établissement, les terrasses et les sous-sols. Dans les souterrains on nous montre les dalles mêmes de la voie romaine parcourue par Jésus-Christ montant au Calvaire.

Cette visite terminée, nous allons faire le chemin de la croix sur la Voie douloureuse que suivit N. S. montant au Golgotha, au milieu des humiliations et des opprobres. Deux grandes croix sont portées, l'une par une quarantaine de laïques; et l'autre par autant de prêtres. Elles sont destinées aux Saintes-Maries de la Mer, archidiocèse d'Aix, et à Notre-Dame de Rochefort, diocèse de Nîmes. Un pèlerin, le R. P. Firmin, moine franciscain, prêche éloquemment et d'une voix forte, le chemin de la croix aux 14 stations.

Nous voici au prétoire de Pilate; il forme aujourd'hui la cour d'une caserne turque. C'est là que l'Homme-Dieu entendit son injuste sentence. Les soldats turcs, qui nous regardent, se montrent fort respectueux.

A la IIe station, quelques restes d'architecture indiquent l'emplacement de l'Escalier Saint, connu sous le nom de *Scala Sancta*, et que nous devons quelques jours plus tard vénérer à Rome. N. Seigneur monta trois fois cet escalier pendant sa passion. C'est là qu'il fut chargé de sa croix.

A la IIIe station, deux fragments de colonnes couchées, indiquent le lieu où Jésus, épuisé par la perte de son sang et par le poids de la croix, tomba pour la première fois.

Nous suivons la rue qui vient de la porte de Damas, s'avance, direction sud, dans la partie basse de Jérusalem, ancienne vallée de Tyropœn; nous arrivons à une ruelle qui aboutit sur notre passage: c'est la IVe station. Là, la sainte Vierge se tenait debout pour voir passer son Fils, et, lorsqu'elle l'aperçut, tout couvert de sueur et de sang, elle tomba évanouie. Nous apercevons sur la rue, une maison qui y est à cheval; une légende nous l'indique comme étant la maison du mauvais riche.

La Ve station rappelle le souvenir de Simon le Cyrénéen, qui aida Jésus à porter sa croix; la VIe, de sainte Véronique venant courageusement au milieu de la rue, essuyer avec son voile la face auguste du Sauveur qui resta imprimée sur son voile. Cette précieuse relique est conservée à Saint-Pierre de Rome.

Après avoir longé la maison, restaurée, qu'habita sainte Véronique, nous arrivons, au bout d'un moment, à l'antique porte judiciaire. C'est la VIIe station. Autrefois les maisons de la ville s'arrêtaient là et tous les condamnés à mort étaient obligés de passer par cette issue. A cet endroit Notre-Seigneur tomba pour la 2e fois. Dans une maison, en face de la porte judiciaire, on montre la *Colonne de la Sentence,* tombant de vétusté, et sur laquelle on afficha l'arrêt de mort du Sauveur.

A la VIIIe station, Jésus console les filles d'Israël qui le suivent, les engageant à ne pas pleurer sur lui mais sur elles-mêmes et leur perfide patrie. A la IXe, l'Homme-Dieu tombe pour la troisième fois.

. Nous voici au pied du Calvaire ou Golgotha, situé à un kilomètre environ du prétoire de Pilate; cette distance est calculée en tenant compte des sinuosités des rues actuelles construites en dehors de la porte judiçiaire, depuis l'époque de la passion.

La longueur primitive de la Voie douloureuse parcourue par Jésus-Christ, n'atteignait guère plus de 500 mètres.

Sur la colline du Calvaire et sur son versant, sont les X, XI, XII, XIII et XIVe stations, englobées dans l'immense basilique dont nous avons parlé précédemment.

Arrivés devant le saint Edicule, nous en faisons trois fois le tour avec les deux croix et au chant du cantique : *Je suis chrétien*.

Telle est simplement et en quelques mots cette impressionnante et inoubliable cérémonie du chemin de la croix sur la Voie douloureuse. Si, à la lecture du *récit de la Passion* on est pénétré d'une émotion profonde, que doit-ce être lorsqu'on en suit les scènes au pied de la montagne de Sion, et dans les murs même de Jérusalem ! Pendant le pieux trajet, les cantiques : O crux ave... Au sang qu'un Dieu va répandre... Vive Jésus, vive sa croix ! etc. s'élevaient de la poitrine de tous les pèlerins à travers les rues, autrefois arrosées du sang du Rédempteur. Et cette imposante procession s'accomplissait au milieu d'une nombreuse affluence massée de chaque côté du parcours, dans une attitude digne et respectueuse, bien qu'appartenant à des religions diverses.

Après avoir rapporté les croix à Notre-Dame de

France, nous nous rendons en toute hâte (car le jour baisse rapidement et nous craignons d'arriver en retard) au mur des Lamentations ou des pleurs des Juifs.

Quel spectacle navrant ! Devant une antique muraille du temple de Salomon, construite avec des blocs gigantesques, ayant jusqu'à 12 mètres de longueur, des femmes, des hommes déguenillés ou vètus de belles houppelandes en velours, à la mine blafarde pleurent, se lamentent, baisent les pierres du mur, lisent la Bible, accompagnant parfois cette lecture de nombreux mouvements du corps. Cet aspect des Juifs, pleurant sur la perte de leur royaume et de leur temple, est grandement attristant. C'est une preuve frappante de la malédiction qui pèse sur le peuple déïcide.

Ils se rassemblent à ce lieu le vendredi, et voici une des prières qu'ils y chantent :

Le Rabbin : A cause du palais qui est dévasté;
Le peuple : Nous sommes assis solitairement et nous pleurons.
Le Rabbin : A cause du temple qui est détruit;
Le peuple : Nous sommes assis, etc.
Le Rabbin : A cause des murs qui sont abattus;
Le peuple : Nous sommes assis, etc.
Le Rabbin : A cause de notre majesté qui est passée;
Le peuple : Nous sommes assis, etc.
Le Rabbin : A cause de nos grands hommes qui ont péri;
Le peuple : Nous sommes assis, etc.
Le Rabbin : A cause des pierres précieuses qui sont

brûlées;
Le peuple : Nous sommes assis, etc.
Le Rabbin : A cause de nos prêtres qui ont trébuché;
Le peuple : Nous sommes assis, etc.
Le Rabbin : A cause de nos rois qui les ont méprisés;
Le peuple : Nous sommes assis, etc.

CHAPITRE XI

EGLISE SAINTE ANNE,
PISCINE PROBATIQUE -- EGLISE
DE LA FLAGELLATION -- AU MONT
SION -- CÉNACLE -- TOMBEAU DE DAVID
EMPLACEMENT DES MAISONS D'ANNE ET DE CAIPHE
PRISON DE NOTRE-SEIGNEUR — LA DORMITION -- TOUR
DE DAVID

Le 2 septembre la messe du pélerinage est célébrée à sainte Anne, église nationale de la France. M. Auzépy, consul général, et toute sa suite en grand costume assistent à l'office solennel; la fanfare du séminaire grec, dirigée par un Père Blanc, se fait entendre. A l'issue de la messe, dans la cour du couvent, (1) elle exécute de nouveaux morceaux; et j'éprouve l'intime satisfaction d'entendre des pas redoublés français, qui me sont particulièrement connus, et d'un bel effet, tels que *Vercingétorix*, *Jeanne d'Arc*, *La Marseillaise*. En entendant ces accords, je revoyais en esprit mon humble village, un peu perdu dans les montagnes de la Drôme, dans les dernières ramifications des Alpes; je revo-

(1) Ce couvent est aux Pères Blancs, ces vaillants pionniers de la civilisation dans l'Afrique centrale.

yais tous mes amis, formant le cercle et exécutant aux magnifiques fêtes de nos syndicats agricoles, ces mêmes beaux morceaux à grand effet, aux applaudissements enthousiastes (comme ici) de nombreux auditeurs.

L'église sainte Anne est située sur la Voie douloureuse. Elle est en style roman, a la forme d'un trapèze et possède trois nefs. L'autel occupe l'emplacement de la maison de sainte Anne et de saint Joachim, parents de la sainte Vierge. On montre dans la crypte l'endroit où elle est née. (1)

A côté du sanctuaire de sainte Anne se trouve la piscine probatique. D'après l'Evangile de saint Jean, lorsque les eaux de cette piscine étaient agitées par l'Ange, le premier malade qui s'y baignait, était à l'instant guéri. Ses abords étaient encombrés de boiteux, d'aveugles, de paralytiques, en un mot, de malades de toutes sortes. Or, il y avait là un paralytique qui attendait son tour depuis de nombreuses années. Jésus, le voyant, lui demanda s'il voulait être guéri, et, sur sa réponse affirmative, il lui dit : « Lève-toi, prends ton grabat et marche. » A l'instant cet homme fut guéri et se mit à marcher.

(1) Au sujet de la naissance de la Sainte Vierge, il y a deux opinions qui méritent créance : la tradition orientale qui place le lieu de sa naissance à Jérusalem, et la tradition occidentale qui le place à Nazareth, à la *Sancta Casa* celle même qui est vénérée à Lorette. Selon cette dernière hypothèse, la Sainte Vierge aurait seulement été conçue à Jérusalem. Mais l'opinion la plus probable est la première, et des recherches récentes la donneraient même comme certaine.

Les piscines de Judée ne guérissent plus les malades comme au temps du Christ. Mais 1900 ans après, une piscine nouvelle, sise dans un coin de la France et que le pouvoir de la Vierge immaculée a fait surgir des montagnes pyrénéennes, guérit aussi de nombreux pèlerins.

Nous visitons l'église de la Flagellation arrosée par le sang que N. S. Jésus-Christ répandit à la suite du cruel supplice de la flagellation.

3 Septembre — Messe au mont Sion, la cité de David, sous une grande tente. Nous entendons une allocution à la fois touchante et enflammée du R. P. Marie-Léopold sur la commisération du Sacré-Cœur pour la France. Ensuite les diverses formules de consécration au Divin Cœur sont lues : par un laïque pour les laïques, par un religieux pour les religieux, par un prêtre pour les prêtres, par un étranger pour les étrangers, par une femme de France pour les femmes françaises.

Nous parcourons la colline triangulaire d'Ophel. C'est là, qu'après son triple reniement, saint Pierre vint pleurer, dans une grotte naturelle, son apostasie d'un moment. Les P. P. de l'Assomption ont acheté ce terrain, y ont fait des fouilles et découvert une route dallée, des fondations et des ruines de monuments, d'un intérêt historique de premier ordre. Le mont Ophel faisait autrefois partie de la ville de Jérusalem. Là, dans une ancienne citerne, les Pères ont élevé un cimetière où reposent plusieurs des leurs et quelques pèlerins morts à Jérusalem pendant ces dernières années.

Le Cénacle, qui était la demeure du juif opulent,

Joseph d'Arimathie, a été rebâti plusieurs fois. Une mosquée remplace depuis le quatorzième siècle l'église qui y avait été élevée. C'est à l'étage inférieur que Notre-Seigneur lava les pieds à ses apôtres, et à l'étage supérieur qu'il institua le sacrement de l'Eucharistie, la veille de sa passion. Chaque étage est divisé en deux salles. Dans une salle, à chaque étage, on voit le cénotaphe inférieur et supérieur de David. Le tombeau de ce grand roi est en forme de dos d'âne et recouvert de tapis.

Le Cénacle rappelle aussi l'apparition plusieurs fois renouvelée de Jésus à ses apôtres, après la résurrection; notamment celle où Il prononça cette parole : « Tu as cru, Thomas, parce que tu as vu : *heureux ceux qui ont cru sans avoir vu.* » (1) Si cette sentence était peu à l'avantage de l'apôtre incrédule, et, dans le cours des temps, de ses trop nombreux imitateurs, elle est bien consolante pour le vrai chrétien.

Au Cénacle, le jour de la Pentecôte, eut lieu également la descente du Saint-Esprit sur les apôtres, les premiers prêtres de l'Église.

Un sanctuaire est construit sur l'emplacement des maisons des grands-prêtres Anne et Caïphe. Chez le grand-prêtre Anne, Jésus subit un premier interrogatoire et reçut un soufflet. A côté de l'église, dans une petite cour, sont les rejetons de l'olivier auquel on avait attaché le Sauveur, pendant qu'on délibérait sur son sort.

Chez Caïphe, beau-frère d'Anne, le Sauveur subit

(1) St Jean, chap. XX.

un second interrogatoire. Saint Pierre y consomma lâchement son triple reniement.

Nous visitons : l'église de saint Jacques-le-Majeur bâtie sur le lieu même où Hérode Agrippa fit précipiter d'une tour cet apôtre; l'endroit où le cortège funèbre de la Sainte Vierge fut arrêté par une foule de Juifs; la prison où Notre-Seigneur passa le reste de la nuit du jeudi au vendredi, et que recouvre une église; dans ce sanctuaire, on voit une partie de la pierre de l'Ange qui sert de table d'autel, et dont nous avons déjà vu un fragment dans la chapelle de l'Ange. Nous visitons encore l'emplacement de la maison qu'habita la Sainte Vierge avec saint Jean après la mort de son divin fils et où elle mourut. Il n'y a plus là d'habitation. L'empereur d'Allemagne en a acheté le terrain appelé *Dormition*; nous avons vu les fouilles exécutées depuis mettant à découvert quelques restes d'une ancienne église, transformation probable de la maison habitée par la mère du Sauveur.

Sur le mont Sion, David et Salomon avaient leur palais. De la cité du roi-prophète il ne reste plus aujourd'hui qu'un corps de bâtiment appelé « tour de David ». La partie inférieure de cette tour, plus ancienne que la partie supérieure, mesure 12 mètres au dessus du fond du fossé qui la sépare de la ville; sa longueur est de 20 mètres et sa largeur de 17.

A côté se trouve l'oratoire de David. Ce serait ici que ce roi coupable, vit, désira Bethsabée, femme d'Urie et pêcha avec elle. Mais c'est aussi dans cet endroit que David fit pénitence de son égarement par les larmes et le jeûne, et composa ces psaumes à jamais mémorables, qu'après 3000 ans on chante encore dans nos églises.

La journée se termine par une grande représentation chez les sœurs de Saint-Vincent-de-Paul.

Chants, saynète, compliment, comédie, opérette, etc., figurent au programme; les petits orphelins et les petites orphelines, qui en sont les acteurs, s'acquittent de leur rôle à merveille.

On remarque surtout les « Petits Pifferari » due très bien chanté, et le discours du cardinal, donné par un enfant de quatre ans, et qui obtient un grand succès.

Habillé en prince de l'église, le bambin débite avec un sérieux impertubable, la gentille allocution que voici :

Vanitas vanitatum et omnia vanitas.

Tout n'est que vanité, hors aimer Dieu et ne servir que lui seul. (Au livre de la Sagesse, chap. III v. 16.)

Mes Frères,

Si je savais déclamer comme il faut,
Je vous dirais des mondains les défauts,
Mais mon esprit est borné pour mon âge.
Je vous dis seulement de devenir plus sages.
C'est ainsi que saint Paul, en parlant aux Galates
N'a pas même épargné Cicéron ni Socrate,
Préservez donc votre âme de la méchanceté,
Car plaisir et jeunesse ne sont que vanité.
Vanitas vanitatum et omnia vanitas.

Passons au deuxième point.

Mais respirons un peu.. (Il prend son mouchoir

et s'essuie la figure.)

Mais quoi, me direz-vous, un petit enfant osera-t-il remplacer un prédicateur ?

Oui, certes, je le suis et je m'en fais honneur,
La bouche des enfants du ciel est l'interprète,
Et procure au Seigneur une gloire parfaite.
C'est Dieu qui le dit.
Savez-vous le latin ?
Soyez donc comme cet enfant charitable, soumis
sans fierté, sans malice et surtout sans avarice.
Par là, sur les démons vous aurez la victoire,
Et vous irez régner avec Dieu dans la gloire.

C'est le bonheur que je vous souhaite en vous donnant ma bénédiction de cœur et d'affection.

Nous sortions du couvent quand, non loin, devant le palais du gouverneur, une musique militaire turque exécutait des morceaux. C'était, nous dit un de nos guides, « à l'occasion de la circoncision de son fils. » Nous nous approchâmes de cette fanfare, qui, à ce moment, jouait un air français : *La Mère Angot.* Le chef impassible, au milieu, ne bat pas la mesure. Quelques soldats nous regardaient de travers. Nous ne tardâmes pas de partir, car c'était nuit.

Comme toujours, nous rencontrons des femmes vêtues de robes blanches, la tête couverte d'un voile également blanc. Ces Jérosolymitaines sont, par conséquent, semblables à nos épouses le jour triomphal de leur mariage.

CHAPITRE XII

MESSE A SAINT SAUVEUR
VÉNÉRATION DE LA COLONNE DE LA
FLAGELLATION — ADIEUX A JÉRUSALEM
DÉBARQUEMENT A CAIFFA — MONT CARMEL
A NAZARETH — MONT THABOR — CANA — DANS
LA PLAINE D'ESDRELON — ADIEUX A LA TERRE-SAINTE

4 Septembre — Une grand'messe a été chantée à l'église de Saint Sauveur; le consul y assistait avec sa suite. Cette église, de style Corinthien, richement décorée de dorures, marbres et peintures, est l'un des édifices neufs les plus beaux de la Ville-Sainte.

Après la messe, la colonne de la Flagellation est exposée dans la chapelle des P. P. Franciscains, au Saint-Sépulcre; la foule défile devant elle et chaque personne y colle avec piété ses lèvres. Cette colonne, en porphyre rouge, a environ 60 centimètres de haut.

La journée se termine à revoir les principaux sanctuaires, à acheter des objets pieux, souvenirs précieux du pèlerinage.

Au repas du soir, M. de Bréon, curé de Saint-Germain-l'Auxerrois, remercie le personnel de Notre-Dame de France, le Supérieur, tous ceux qui pendant ces 10 jours trop vite passés à Jérusalem, nous ont si bien accueillis, nous ont prodigué tant de soins dévoués. Le P. Athanase, supérieur de Notre-Dame de France, lui répond en termes excellents.

On ne voudrait pas se séparer de Jérusalem !... On chante les strophes toujours aimées :

Encore une prière
En quittant le Saint-Lieu
Plutôt que l'oublier, s'éclipse la lumière !
Jérusalem ! Adieu !...
Jérusalem ! Adieu !...

C'est le mardi 5 septembre, à 10 h. 1/2 du matin, que nous quittons à regret cette cité si remplie de mystères et de surnaturel. A la gare, M. le consul général, les frères, les sœurs, avec leurs élèves, nous font leurs adieux. Le train part, nos yeux se remplissent de larmes. Nous descendons rapidement à travers les montagnes. Voici sur une hauteur le tombeau de Samson, juge d'Israël, dont nous avons oublié de faire mention à l'aller.

La chaleur est intense; les stores sont baissés, et de nouveau, les P. P. de l'Assomption circulent dans nos rangs avec des paniers d'excellents raisins d'Engaddi.

Puis, c'est la plaine de Sâron..., c'est Jaffa..., ce sera bientôt l'embarquement sur notre chère nef qui se balance gracieusement sur la mer continuellement agitée dans ces parages.

Après 6 heures de bonne navigation nous arrivons devant Caïffa. Il est minuit. Le lendemain nous débarquons et traversons cette ville composée de deux longues rues. C'est toujours le même peuple apathique, paresseux et tendant la main en prononçant le même mot : *bacchiche.*

Nous nous rendons au mont Carmel. Cette montagne est boisée; les plantes, les arbustes sont odoriférants, ils répandent dans l'air une senteur délicieuse et exquise qui nous réjouit. Il y a surtout des touffes de chênes, de genêts, de térébinthes et de caroubiers. Du faîte de cette montagne, qui s'avance en promontoire dans la mer, la vue est splendide : à nos pieds l'immensité de l'océan, la belle baie de Caïffa nous séparant de Saint Jean d'Acre, ville que nous apercevons en face, et la prolongation de la plaine d'Esdrelon. Nous rentrons dans l'église du couvent qui recouvre la grotte qu'ont jadis habité les prophètes Elie et Elisée; on y célèbre la messe. Devant le couvent, dans un jardin, une colonne rappelle le souvenir des soldats français inhumés à cet endroit, et massacrés au Carmel, par les musulmans, en 1799. Ces soldats avaient été blessés, à St Jean d'Acre, et on les soignait au couvent du Carmel. Une messe est célébrée pour eux : le chant du *De profundis* produit la plus grande impression.

Il existe au Carmel plus de 2000 grottes qui ont servi d'habitation, aux temps reculés où vivait le prophète Elie, à de nombreux ascètes, Parmi ces grottes, il en est une appelée « école des Prophètes» : Elie s'y retirait avec les fils des prophètes pour étudier les saintes Ecritures.

Le roi saint Louis visita le Carmel en 1252.

Après avoir pris du café au lait et mangé des

œufs à la coque (les œufs sont ici en abondance) nous partons, ou en voitures ou montés sur des chevaux, pour Nazareth, escortés du drogman (1) Djamil-Aouad, et de quelques moukres. (2) La chaleur est torride, car c'est au beau milieu du jour, nos couvre-nuques, nos ombrelles, nous rendent un inappréciable service et nous évitent sûrement de nombreuses insolations. Après un moment nous passons devant les villages de Balod-echcheic et Yadjour, qui s'élèvent à droite sur le flanc de la montagne. Ils ont un aspect pauvre, et sont habités par des Druses. Arrivés à peu près à mi-chemin, à El-Hartiey, nous faisons une halte pour le dîner; nous le prenons à l'ombre des grands chênes verts qui se dressent sur des collines très boisées. Et Dieu sait si un moment de repos est nécessaire aux cavaliers pour leur permettre de se remettre un peu de la longue chevauchée qu'ils viennent de faire, à laquelle la plupart ne sont pas ou peu habitués. Ils sont, comme ils le disent, « moulus » ! Les plats servis sont très nombreux, mais pas apprêtés avec art par les indigènes à notre service. Le vin serait bon, s'il n'était pas chaud et s'il ne possédait pas une odeur détestable communiquée par son récipient : une misérable outre en peau de chèvre.

(1) Indigène qui connait parfaitement le pays, sert d'interprète et est chargé de pourvoir à tout le nécessaire de la caravane.

(2) Conducteurs et loueurs de chevaux. Arrivés aux étapes ils en ont soin.

On sonne bientôt le boute-selle, et chacun se dispose à partir. Mais, lorsqu'il s'agit de remonter à cheval, voici que je constatais que les étriers de ma monture avaient disparu ! Le *moukre* à qui avait été confié mon coursier, me donna à comprendre par signes (car impossible de se comprendre autrement), qu'il les ferait bien remettre, mais moyennant « bacchiche ». Je lui offris une cigarette qu'il s'empressa naturellement d'accepter; mais il parait que cela n'était pas suffisant, il se montrait plus exigeant que cela. Je m'adressais alors à son chef, au drogman, qui lui administra une magistrale correction; aussitôt il s'empressa de sortir les étriers qu'il avait très probablement cachés lui-même dans les espèces de mauvaises fontes placées à la selle du cheval.

Et, à présent, en route, pour terminer la cinquantaine de kilomètres qui séparent Nazareth de Caïffa. Voici les villages de Djebata et Maloul : ramassis de chaumières intercalées dans des ruines, d'où s'échappent une âcre fumée et d'incommodantes odeurs. Des êtres hâves, déguenillés, aux cheveux sordides et à la peau tannée; de nombreux enfants à peine vêtus, des femmes au teint jaune et brûl aux yeux noirs et brillants, nous persécutent et nous fatiguent en criant d'une voix traînante et larmoyante : « bacchiche, bacchiche ! » A l'ombre, les hommes indolents fument le narghileh. Comme la religion fataliste et sensuelle de Mahomet abrutit ce peuple !

Nous arrivons à Jaffa de Nazareth, petit village chrétien. Les habitants, les sœurs avec leurs élèves sont venus sur la voie pour nous saluer; en même temps la cloche de l'église sonne à toute volée. Quelle différence avec les deux villages précédents. Bientôt Nazareth, surnommée la *ville des fleurs*, nous apparait au milieu d'un site gracieux et embaumé, avec ses maisons bâties en amphithéâtre sur une colline, et son clocher de l'église de l'Annonciation qui se détache en rouge au milieu de la cité. Cette ville, d'environ 2500 âmes, a vraiment grand air. A ce moment les cloches sonnent, la fanfare des P. P. Salésiens joue notre hymne national, la Marseillaise. J'étais ravi en entendant ces accents qui me rappelaient la France, et en voyant la délicieuse petite ville des fleurs où la sainte Famille habita et où l'ange Gabriel apparut à la Vierge Marie pour lui annoncer qu'elle serait la mère du Sauveur. Nous faisons notre entrée, la fanfare des Pères ouvre la marche, les quarante voitures et les soixante cavaliers suivent sur deux rangs. Une foule considérable se tient le long de la route, sur les murs, et même jusque sur les terrasses; elle nous reçoit avec enthousiasme, aux cris de : Vive la France ! Vivent les pèlerins !

Nous nous rendons à la tente préparée pour nous recevoir. D'excellente infusion de camomille, chaude et bien sucrée, nous y attend; elle nous remet de notre fatigue. C'est une boisson hygiénique et tonique, remplaçant dans ce pays (pour les pèlerins) l'eau pure qui pourrait occasionner la fièvre. La sœur Joséphine, supérieure de l'hôpital St Louis de Jérusalem, est particulièrement chargée de ce service; et, disons-le sans flatterie, elle s'en acquitte à merveille. Aussi est-elle plus connue sous le nom caractéristique de sœur Camomille, que sous celui de sœur Joséphine.

Après ce bon soulagement, le pèlerinage se rend en procession à la basilique de l'Annonciation. A peine est-on entré dans cette enceinte qu'on remarque devant soi un escalier de 15 marches en marbre blanc, conduisant dans la crypte bâtie sur l'emplacement de la sainte Maison. Arrêtons-nous un moment ici, et remémorons-nous les principaux faits qui se sont passés en ce lieu célèbre. Voici l'endroit où l'ange Gabriel apparut à la Vierge Marie et la salua par ces mots : « Je vous salue, pleine de grâce, le Seigneur est avec vous, vous êtes bénie entre toutes les femmes. » Et Marie, un moment interdite et hésitante, de répondre : « Je suis la servante du Seigneur; qu'il me soit fait selon vôtre parole. » Deux colonnes de marbre indiquent la place où se tenaient Marie et l'Ange pendant ce colloque mystérieux. Au milieu s'élève l'autel dédié à l'Annonciation, et sur le marbre blanc du pavé, le regard ému s'arrête sur cette inscription :

Hic Verbum caro factum est

Ici le Verbe s'est fait chair

Le Sauveur a passé à la sainte Maison la plus grande partie de sa vie mortelle. Nul n'ignore que la maison habitée par la sainte Famille a été miraculeusement transportée à Lorette (Italie), dans les circonstances suivantes : C'était en 1291. La belle église, bâtie par sainte Hélène, venait de tomber sous les coups des musulmans, et la demeure sainte qui y était renfermée allait subir le même sort.

Dieu ne voulut pas qu'il en fut ainsi. Les anges la transportèrent d'abord en Dalmatie, sur les bords de la mer, entre Tersatte et Fiume, puis, sur la rive opposée de l'Adriatique, près de Rocamatie, et enfin sur la colline de Lorette.

Je ne m'attarderai pas à parler de la surprise des habitants de Lorette à la vue de cette maison de forme et de construction étrangères à leur pays, ni de la députation envoyée sur les lieux pour constater le prodige.

7 Septembre — Messe à l'église de l'Annonciation puis, visite à l'atelier de saint Joseph que recouvre une chapelle. Jésus travaillait là avec son père nourricier, fabriquant des meubles, des charrues qu'on voyait encore du temps de saint Justin; apportant ainsi une considération nouvelle au travail manuel si honni des hommes de son temps. On remarque ici un ravissant tableau d'Overbeck. Il représente l'enfant divin façonnant une petite croix qui fait déjà pressentir celle du Calvaire; saint Joseph suspendant son travail en contemplant cette ébauche avec une pieuse surprise, tandis que la Sainte Vierge semble tressaillir à la vue de cet instrument de supplice dont elle comprend le mystère.

C'est dans l'ancienne synagogue, remplacée aujourd'hui par une église, que Notre-Seigneur interpréta une prophétie du livre d'Isaïe relative à la venue du Messie, disant qu'aujourd'hui c'était un fait accompli. Ceux qui l'écoutaient étaient remplis d'admiration et disaient : « N'est-ce pas là le fils de Joseph ? » Pourtant quelques Nazaréens entrèrent dans une grande colère, chassèrent le Sauveur du temple, le menèrent même jusqu'à un précipice formé par la montagne sur laquelle leur ville est bâtie; ils voulaient le jeter en bas, mais Jésus passant au milieu d'eux s'en alla. (1)

Le prêtre grec catholique qui nous a reçus, nous a rappelé ce passage de l'Evangile dans l'allocution qu'il nous a adressé. Cette allocution ne manquait pas d'une charmante naïveté; voici le résumé de la partie qui s'adressait à la France : « Le mot grec signifie fourbe et voleur, ce qui nous donne une mauvaise réputation; mais aujourd'hui votre bonne réputation est atteinte, car il se passe des choses peu convenables dans votre pays; c'est pourquoi nous allons prier pour sa prospérité. »

Dans une chapelle, à l'extrémité de la ville, vers le couchant, on voit la *Mena Christi*, grand bloc de pierre sur lequel, d'après la tradition, Jésus-Christ aurait pris, après sa résurrection, un repas avec ses apôtres.

A la fontaine de la Sainte Vierge, nous nous rencontrons avec de nombreuses femmes qui viennent puiser de l'eau dans des outres qu'elles portent sur leur tête. Il y a 1900 ans, la Vierge Marie y venait de même : de là le nom donné à la fontaine.

Citons ici cette remarque de divers auteurs : les Nazaréennes sont les plus belles femmes du monde.

Je ne sais si cela est exact; mais ce que je puis affirmer, c'est que leur beauté est vraiment remarquable, et nulle part je n'ai vu des physionomies d'un aussi bel ovale, des traits aussi réguliers, un

(1) Ev. de St Luc, chap. IV

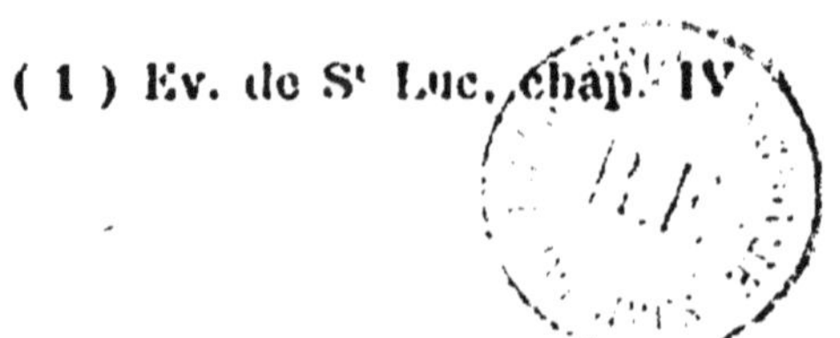

teint aussi suave. De plus elles sont souriantes. Tiendraient-elles ces prérogatives de ce que Marie a passé son enfance et sa jeunesse à Nazareth ? Elles le croient ainsi.

Un voile sur la tête, une longue tunique serrée à la taille, voilà tout le vêtement des jolies Nazaréennes.

Ici, à Nazareth, nous sommes logés, les femmes chez les dames de Nazareth; les hommes à la Casa Nova et à l'hôtel de Nazareth. Je me trouvais de ces derniers, ce n'était pas avoir de la chance.

Figurez-vous quelques salles où les lits sont un peu moins élevés que ceux de nos casernes, et si rapprochés les uns des autres qu'on peut à peine circuler tout autour; ensuite des fenêtres dont pas un carreau n'est entier, et vous aurez une idée assez juste du confortable hôtel de Nazareth.

Nos repas sont pris en commun sous une grande tente. A celui de midi, la fanfare des P. P. Salésiens nous récrée par l'exécution de divers morceaux de musique : entre autres la Marseillaise réclamée jusqu'à trois fois et chaque fois, le vif sentiment de patriotisme que l'on ressent à l'étranger, nous la fait vivement applaudir. Un peu amateur de cet art je pris la liberté de m'approcher de ces jeunes musiciens pour les féliciter de la bonne exécution des morceaux de leur programme et les encourager à persévérer. Quelques uns parlaient passablement le français. Et l'un d'eux, en apprenant que je connaissais moi-même la musique, poussa l'amabilité jusqu'à m'offrir son cornet à piston et me pria d'exécuter un air quelconque. Je déclinais poliment son invitation; n'ayant d'ailleurs pas touché d'instrument depuis déjà longtemps. Le chef de la fanfare, un aimable et décidé père Salésien, m'assura que ses élèves ne prenaient des leçons que depuis huit mois seulement.

Encore un mot sur la gentille ville de Nazareth : les habitants sont catholiques en majorité, ce qui explique l'accueil sympathique qu'ils nous ont fait. Ils sont affables et gracieux et paraissent, au point de vue moral et intellectuel, supérieurs aux autres Palestiniens rencontrés jusqu'ici.

C'est le vendredi, 8 septembre, qu'une partie des pèlerins se rend au mont Thabor, tandis que l'autre s'était déjà dirigée, dès la veille, vers le lac de Tibériade. La chaleur est très grande. A peu près à mi-chemin nous faisons une halte. Nous attachons nos chevaux à des chênes-verts, et nous nous reposons sous leur bienfaisant ombrage. Pendant ce temps les retardataires (il y en a toujours, et quelques pèlerins font même l'excursion à pied) nous rejoignent. Un moment après, la caravane se remet en selle. Et bientôt nous arrivons au pied du Thabor, de cette belle montagne, presque entièrement isolée, et couverte d'une végétation luxuriante. Sa hauteur est de 610 mètres au-dessus de la Méditerranée, de 400 au-dessus de la plaine d'Esdrelon et de 835 au-dessus du lac de Tibériade. Nous gravissons avec nos montures, bien que la pente en soit très raide, le sentier qui serpente sur le versant de la montagne. Nous arrivons au sommet où se trouve un plateau de 550 mètres de long sur 250 de large. Les chevaux sont mis au trot. Un coup de cravache, donné imprudemment au mien par un cavalier, lui fait prendre une allure tout à fait extraordinaire. Si, à ce moment, la sangle qui retient la selle se fut rompue, si les harnachements arabes n'eussent pas été solides, c'en était fait... impossible de revoir la France. C'est du moins ce à quoi je pensais. Mais il n'en fut pas ainsi et je ne tardais pas à maitriser mon trop sensible coursier. A ce brave *gris* qui était si ardent à la course et en même temps si facile à conduire, ne devais-je pas une mention ? Quel service ne m'a-t-il pas rendu pour accomplir mes pérégrinations à travers les plaines, ou pour gravir les montagnes parfois escarpées de la Galilée. Je le revois encore. Mais, c'est trop de diversion. A notre arrivée, M. le comte de Piellat (1) qui dirige notre caravane et l'a même devancée, nous sert la bienfaisante infusion de camomille: comme toujours, elle est la bienvenue.

Le mont Thabor est couvert d'yeuses, de noyers, de lierres et de bosquets odorants; il sert parfois de repaire aux animaux sauvages, tels que le chacal, le sanglier, la panthère et le léopard. L'aigle aux serres redoutables, prêtes à saisir sa proie, y plane souvent en décrivant dans les airs ses courbes majestueuses. A ce moment, nous en apercevons un qui vole à peu de distance de nous, au-dessus de la plaine d'Esdrelon; peut-être que la vue inusitée de tant de monde sur cette montagne l'a fait se tenir

(1) M. le comte de Piellat est en quelque sorte l'âme des pèlerinages en Terre-Sainte. Il a fondé, à Jérusalem, l'hôpital des Français : Saint Louis.

un peu éloigné.

Sur le mont Thabor on remarque le couvent des Grecs non-unis, le couvent des Franciscains, les ruines d'anciennes fortifications et d'une église. Ces dernières ruines sont situées à la place où Notre-Seigneur se transfigura devant ses apôtres, Pierre, Jacques et Jean. Nous assistons à la messe qui y est célébrée.

Puis, nous nous rendons sur la terrasse du couvent, et contemplons le splendide panorama qui se présente à nos yeux, s'étendant sur toute la Galilée. Et si le lecteur le veut bien, nous ferons ensemble, de loin, une excursion aux lieux intéressants qui nous environnent.

D'abord, au nord et au nord-est, s'étend la plaine d'Hattine si funeste aux Croisés par la bataille qu'ils y perdirent contre les musulmans, en 1187. Dans cette vaste plaine, on aperçoit le mont de la Multiplication des sept pains et de quelques petits poissons, qui servirent à rassasier une foule de 4000 personnes, sans compter les femmes et les enfants; les restes servirent à remplir encore sept corbeilles. On aperçoit aussi le mont des Béatitudes. (1) C'est là que fut prononcé le célèbre discours, qui contient les huit béatitudes, si consolantes pour les déshérités de ce monde. Nous aimons à les reproduire ici : Bienheureux les pauvres en esprit, car le royaume des cieux est à eux. — Bienheureux ceux qui sont doux, car ils posséderont la terre. — Bienheureux ceux qui pleurent, car ils seront consolés. — Bien-

(1) Actuellement Karoun-Hattin.

heureux ceux qui ont faim et soif de la justice, car ils seront rassasiés. — Bienheureux les miséricordieux, car ils obtiendront miséricorde. — Bienheureux ceux qui sont purs, car ils verront Dieu. — Bienheureux les pacifiques, car ils seront appelés les enfants de Dieu. — Bienheureux ceux qui souffrent persécution pour la justice, car le royaume des cieux est à eux. (1) Le lac de Génésareth ou de Tibériade (2), qui projette l'éclat de ses eaux miroitantes, est riche en souvenirs chrétiens. Sur ses bords s'élevaient jadis de nombreuses et florissantes villes, entre autres Capharnaüm, Tibériade, Magdalla, Corizaine et Bethsaïda: toutes ces cités ont aujourd'hui disparu ou sont misérables, marque évidente de la réprobation divine. C'est sur les bords du lac que N.-Seigneur a passé une grande partie de sa vie publique; il y a parlé, il y a choisi et appelé ses apôtres; il y a passé en faisant le bien en multipliant les miracles. Rappelons seulement pour mémoire : la tempête apaisée, la pêche miraculeuse, la triple confession de saint Pierre et sa triple élection. Jésus-Christ disait à Pierre : « Simon Pierre, fils de Jean, m'aimez-vous ? — Oui, Seigneur, je vous aime, répondait Pierre. Et Jésus d'ajouter : Paissez mes agneaux. » (3) C'était la prérogative de Pasteur accordée à Pierre, et confirmée

(1) Math: V. — 1 — 8.

(2) La longueur de ce lac est de 20 kilomètres et sa largeur moyenne de 8.

(3) Saint Jean, chap. XXI 15, 16, 17.

par cette parole du Christ à Césarée de Philippe, au même apôtre : « Tu es Pierre et sur cette pierre je bâtirai mon Eglise et les portes de l'enfer ne prévaudront point contre elle. »

On nous montre le grand Hermont qui, à l'horizon, estompe le ciel de sa masse blanchâtre; on aperçoit aussi l'Anti-Liban. Le sommet de ces deux grandes montagnes est, la majeure partie de l'année, couvert de neige.

Au sud et au sud-ouest on voit Endor; c'est là que Saül consulta la pythonisse, et vit l'âme de Samuel lui apparaître et lui prédire sa fin prochaine ainsi que celle de ses enfants.

Nous apercevons le petit village de Naïm, célèbre par la résurrection du fils de la veuve par N.-Seigneur. Le mont Gelboë qui rappelle le combat livré par Saül aux Philistins, dans lequel il périt avec ses trois fils; c'était la réalisation de la prophétie de Samuel.

Vers l'ouest, la chaine du Carmel; et, à nos pieds, la belle, l'illustre plaine d'Esdrelon, s'étendant sur une largeur de 20 kilomètres et une longueur de 48; cette plaine a été le théâtre de plusieurs batailles : entre autres des Israélites qui, avec l'intrépide Gédéon, vainquirent les Amalécites, et, avec la prophétesse Débora, s'affranchirent du joug de Jabin, roi chananéen d'Azor. La plaine d'Esdrelon a été de même sillonnée par les armées romaines, et celles des croisés; plus près de nous, 6000 français, commandés par le jeune et glorieux général Bonaparte, mirent en déroute, près de Cison, 30000 mamelucks.

Quelques instants après, un réconfortant repas nous est servi à l'ombre d'un énorme sycomore, situé devant l'église des grecs schismatiques. Nous sommes assis assez confortablement sur de bonnes nattes. L'appétit est excellent, aiguisé par l'air vif de la montagne et le long trajet que nous venons de parcourir. On nous sert entre autres mets, un nombre considérable d'œufs durcis, et une quantité innombrable d'ailes de poulets, accompagnées bien entendu... du restant. Notre drogman a décidément fait apporter pour sustenter au moins trois caravanes comme la nôtre. Aussi nous ne craindrons pas de tomber d'inanition en chemin.

Du haut du Thabor la vue se promène au loin, sur le grand espace qui nous sépare de l'horizon. Les regards scrutent du côté de l'Occident, derrière ce rideau où la terre et le ciel semblent se toucher, pour y découvrir la France, notre chère patrie, et l'on est tout étonné de s'en trouver si éloigné; mille lieues nous en séparent.

Il faut se mettre en route. Mais auparavant, en souvenir du Thabor, je casse un rameau de ce sycomore généreux qui nous a préservé des ardeurs du soleil, et que je conserverai précieusement. Nous descendons de la montagne, pour aller prendre le chemin qui doit nous conduire au riant village de Cana.

A un moment donné, nous suivons un étroit sentier bien raboteux et parsemé de pierres; il est, de plus, d'une déclivité telle qu'il faut prendre ses précautions si l'on veut pouvoir se maintenir en selle. Heureusement que nos chevaux y sont habitués; ils se tirent très bien de ce passage difficile; nous n'avons qu'à les laisser aller à leur pas. Ce sentier est bordé, en maints endroits, par de grandes plantes de fenouil qui exhalent une bonne odeur aromatique. Enfin à 4 heures de l'après-midi, trois heures après notre départ du Thabor, nous arrivons devant Cana, dont les maisons s'étagent sur les flancs d'une verdoyante colline. Ce village, de 800 âmes, se compose de grecs non-unis et de musulmans. Et si, pour un moment, nous nous transportons en esprit à deux lieues de cette charmante bourgade, à Séphoris, nous nous trouvons en face de l'endroit présumé où naquirent les parents de la Sainte Vierge. Certains prétendent cependant que sainte Anne serait plutôt née à Bethléem. A Cana notre caravane opère sa jonction avec celle qui revient du lac de Tibériade. Une courte visite est faite à la chapelle érigée sur l'emplacement de la maison de Simon, ainsi qu'à l'église qui recouvre le lieu où furent célébrées les noces de Nathaël (1) fils ou gendre de Simon, noces honorées de la présence de Jésus, de sa mère et de ses apôtres. Tout le monde sait que le vin étant venu à manquer, à la demande de la Sainte Vierge, le Christ changea l'eau renfermée dans six grandes urnes en pierre, en un vin excellent (2) ce fut là le premier témoignage public de sa puissance.

Les P. P. Franciscains, qui ont ici une maison, nous offrent du vin blanc délicieux; Dieu sait si

(1) On croit que ce Nathaël est le même que St Barthélemy.

(2) Evangile selon St Jean.

nous lui faisons honneur. Après cela, nous nous rendons à l'unique fontaine de Cana, où l'eau des célèbres noces a sans doute été puisée. Autour de cette remarquable source, il y a quelques auges en pierre (parmi elles un ancien sarcophage) qui servent d'abreuvoir aux bestiaux de la contrée. Cette fontaine donne une eau excellente et abondante: elle arrose la fertile vallée de Cana, remarquable par ses grands orangers, cactus, figuiers, oliviers, grenadiers et caroubiers. Avec nous se trouvaient à la fontaine de nombreuses femmes vêtues de longues tuniques bleues, ayant une garniture de monnaie d'or du pays (sequin) dans leur chevelure noire, et ornées d'un léger tatouage autour de la bouche et des yeux. Elles venaient faire provision d'eau dans de grandes amphores en terre.

Ici, je revois par la pensée, la pierre sur laquelle je me tenais, afin de ne pas plonger les pieds dans la mare d'eau; j'étais là pour prendre le gobelet en fer-blanc que me tendait une Cananéenne qui, passablement dans l'onde, le remplissait à la source même d'eau parfaitement limpide; ensuite je le faisais passer à mes co-pèlerins. Ce gobelet, dont je m'étais muni au départ de Nazareth, servit à Cana pour toute la caravane. Un « bacchiche » fut la récompense de cette fille d'Ève, qui s'était montrée empressée et serviable dans l'espoir, bien entendu, d'obtenir le pourboire tant convoité: elle l'avait réclamé plusieurs fois durant le travail qu'elle s'était imposé.

A la tombée de la nuit, les deux caravanes réunies ont franchi les cinq ou six kilomètres qui séparent Cana de Nazareth.

9 Septembre — Le matin nous avons dit adieu à la jolie cité de Nazareth, et aux joyeux souvenirs qu'elle évoque.

Nous nous rendons à Caïffa en passant, cette fois-ci, par la plaine d'Esdrelon. Ç'a a été un fait mémorable : les voitures allant au trot, suivaient la voie; et, de chaque côté, la plupart des cavaliers, disséminés dans la plaine, exécutaient des fantasias à une allure vertigineuse. C'était pittoresque ! C'était beau ! C'était ravissant !

Pas un arbre ne végète dans la plaine d'Esdrelon. Elle était à ce moment brûlée, serpentée de larges crevasses causées par la chaleur. Mais au printemps elle donne les preuves d'une grande fécondité. Nous arrivons à la halte : défense est faite de faire courir les chevaux à cause des accidents qui pourraient se produire. *Ainsi le veut la prudence, cette fille de la sagesse.*

Notre entrée à Caïffa fut superbe : les soixante cavaliers, rangés sur deux rangs, précédaient les voitures; tandis que le chant du *Magnificat* réveillait les échos des alentours. Nous abandonnons nos chevaux aux moukres, nous nous rendons au ponton, sautons dans des barques qui nous transportent, à force de rames, à la nef qui nous attend toute enguirlandée.

Un moment après, les pèlerins s'éloignaient du rivage, profondément émus, en disant adieu à cette Terre-Sainte, à cette terre privilégiée dont les côtes disparaissent peu à peu devant le voile de la nuit, et qui nous a procuré, pendant les quinze jours que nous avons passés à la parcourir, à visiter tant de lieux sanctifiés par la présence du Sauveur, de souverainement chères, d'inoubliables émotions.

CONSTANTINOPLE

CHAPITRE XIII

DE CAIFFA A CONSTANTINOPLE
SAINTE-SOPHIE — VISITE DE PLUSIEURS
MOSQUÉES — VISITE DU BAZAR — ASCENSION
A LA TOUR SÉRASKIÉRAT — SALUT A KOUN-KAPOU
DANS L'ÉGLISE DE L'ANASTASIE — RETOUR A LA NEF

Le XIXe pèlerinage de pénitence, au lieu de se diriger vers les rivages de France, cinglait donc vers l'Asie-Mineure et les nombreuses îles de l'Archipel, pour se rendre à Constantinople. Puis, il devait visiter les illustres cités d'Athènes et de Rome, tout en passant par la belle ville de Naples. Ne suivait-il pas un itinéraire incomparable et merveilleux ?

10 Septembre — Voici l'île de Chypre, la plus grande de la Méditerranée. Elle a 540 lieues carrées. Cette île a été tour à tour phénicéenne, grecque, égyptienne, romaine, vénitienne et turque. Elle appartient aujourd'hui à l'Angleterre moyennant une redevance annuelle de deux millions au sultan. En gens pratiques, les Anglais sont parvenus à s'y établir, parce que c'est une position stratégique de premier ordre : à l'embouchure de l'Euphrate, elle commande les routes de l'Ararat et du golfe Persique, de l'Anatolie, de la Syrie et du Liban. Cette

île donne entr'autres produits la plante dont ont tiré le *henné*, couleur avec laquelle les musulmans se teignent les mains et les ongles, et leurs femmes le visage. Un buisson aromatique fournit le *mastic*, parfum très recherché de tout l'Orient. Le vin est la richesse de Chypre : il est considéré comme un trésor inestimable et un nectar embaumé.

11 Septembre -- L'île de Rhodes n'est qu'à environ un kilomètre de nous. Un navire de guerre ottoman mouille dans le port de la ville qui porte le nom de l'île. Deux grosses tours reliées par un mur sont au fond du port. Elles occupent la place, paraît-il, de deux rochers qui servaient de base à un fabuleux colosse. La cité de Rhodes est surtout célèbre par les chevaliers de Saint Jean qui bravèrent là, durant trois siècles, les fureurs de l'Islam. Au siège fameux de Rhodes, le Grand-Maître de l'Ordre, Villers de l'Isle-Adam, résista pendant trois ans aux efforts de Soliman. La ville finit néanmoins par tomber entre les mains de l'ennemi.

On aperçoit la tour Saint-Jean témoin de la défense héroïque de Villers de l'Isle-Adam.

Le chant du *De Profundis* jette comme un voile de tristesse sur la nef : c'est en souvenir d'une pieuse pèlerine Mme Baudin de Laval, décédée en 1896 et enterrée à Rhodes.

A notre droite, se déroule le littoral de l'Asie-Mineure, avec les anciennes églises de l'Apocalypse, Milet, Ephèse, Smyrne, Pergame.

Au loin est la cité d'Ephèse. St Pierre l'honora par ses prédications et les Epitres qu'il adressa aux habitants de cette ville; St Jean y mourut, la Sainte

Vierge y séjourna quelque temps.

Nous passons à travers le groupe d'îles dites des Sporades. Notons seulement celles qui rappellent quelques souvenirs : Kos, patrie d'Hippocrate, le père de la médecine, et d'Apelle, le Raphaël des Grecs; Halicarnasse où naquit Hérodote, le père de l'histoire; Samos, qui vit naître Pythagore, à qui on attribue la table de multiplication et le célèbre théorème de l'hypoténuse, le pont-aux-ânes des pauvres écoliers; Pathmos, lieu d'exil des Romains. Ils y avaient déporté saint Jean, après son supplice à la Porte Latine; et c'est dans la grotte, que nous apercevons très bien, que, sur l'ordre de Dieu, il écrivit l'Apocalypse et décrivit les spectacles inénarrables de la patrie céleste. Des habitants de la côte, qui nous aperçoivent, font des signes de sympathie, et allument un feu de joie en notre honneur.

12 Septembre -- Le matin, au lever, la mer est houleuse; le vaisseau est balloté. Par un hublot entr'ouvert, une lame d'eau vient apporter la fraicheur dans notre dortoir. Qu'on juge si celui qui avait son lit en dessous et qui venait d'être ainsi inondé, mit de célérité à fermer l'ouverture. Au bout de quelques heures la mer était redevenue calme.

A présent ce sont les îles de Marbre, parmi lesquelles : Chio, Mytilène (antique Lesbos), patrie d'Arion, de Sapho, d'Alcée, de Théophraste; Imbros Lémnos; — le mont Ida -- la ville de Tripoli sur la côte d'Asie. Nous sommes dans le détroit des Dardanelles. De chaque côté des pièces de canon sont braquées, pour interdire le passage à l'envahisseur, le cas échéant.

Le P. Alfred, supérieur des missionnaires de l'Assomption à Constantinople, nous rejoint sur le *Lyod* autrichien venu en sens opposé. Il monte à bord.

A Gallipoli, nous saluons le cimetière des soldats français tombés au champ d'honneur pendant la guerre de Crimée. On chante le *De Profundis*. Au consulat français, le représentant de la France avec sa famille, à leurs fenêtres donnant sur la mer, nous saluent. La nef fait de même en amenant son pavillon.

13 Septembre — Pendant la nuit nous avons traversé la mer de Marmara. Dès la première heure, les édifices, les villas, les palais se déroulent devant nos regards; à 6 h. 1/2 nous sommes à Constantinople. La reine de l'Orient, un moment voilée par les brouillards qui se dissipent, nous apparaît avec ses quartiers bâtis en amphithéâtre, ses maisons bigarrées, ses 190 mosquées flanquées de nombreux minarets, spectacle vraiment magnifique. La grande cité, de plus de 46 kilomètres de tour, compte actuellement environ un million d'habitants.

Nous sommes dans le vaste port de la Corne d'Or. La nef a abordé tout près du pont, au quai de Galata, et à côté du navire parti un peu avant nous de Marseille : le *Guadiana*. Des bateaux sont un peu partout, de nombreux caïques sillonnent le port. Et hâtons-nous de dire que notre coquet navire tout pavoisé, portant le fanion de Terre-Sainte et le drapeau français, éclipse véritablement tous les autres vaisseaux dont les centaines de mâts émergent comme une forêt au dessus de la Corne d'Or.

Un groupe de religieux et de religieuses de l'Assomption fait irruption sur le vaisseau. Les Pères ont trois couvents à Constantinople : une paroisse et une mission pour les Grecs à Stamboul, quartier de Koum-Kapou; une paroisse et une maison d'études à Kadi-Keni, l'ancienne Chalcédoine, sur la côte d'Asie, et enfin un noviciat à la pointe de Phanaraki. Nous visiterons les deux premières. En attendant, un frère changeur est installé sur le pont, et chacun peut se procurer les métalliques (sous turcs) dont il a besoin.

Des groupes sont organisés; à la tête de chacun un Assomptionniste de Constantinople sert de cicerone. On traverse le pont, moyennant un métallique de péage à payer. Sur ce pont, qui est très animé, se croisent pour aller d'Europe en Asie toutes les races, tous les peuples; des gens de tous costumes, de toutes couleurs et de toutes langues. On estime à cent mille le nombre de personnes qui y circulent chaque jour.

Les rues de la ville sont malpropres; il y a çà et là des marchands devant des amas de pastèques, de raisins et de fruits de toutes sortes. A chaque pas, des chiens dont la plupart dorment dans la rue et principalement sur les trottoirs. Devant une seule maison on en compte parfois de 15 à 20; et on estime leur nombre, à Constantinople, à cinquante mille. Personne ne dérange leur bienfaisant repos; c'est que le chien est sacré ici. Ces animaux, qui n'appartiennent à personne, vivent, se multiplient dans la rue; et, étant issus d'un croisement avec les chacals, ils ont beaucoup de ressemblance avec les loups.

Notre première visite est pour l'ancienne église de Sainte Sophie, convertie en mosquée depuis la prise de Constantinople par Mahomet II (1453).

On répare les voûtes. Impossible par conséquent de jouir à son aise de l'aspect imposant de cette vaste coupole, chef-d'œuvre de l'art byzantin. Ce monument est splendide et c'est l'un des plus grandioses du monde. Il est situé dans Stamboul et possède cinq ou six minarets.

« Il n'y a que la voûte des cieux qui soit digne du Créateur » avait dit l'architecte à l'empereur Justinien. Et il lança dans les airs une voûte hardie sur laquelle il ne craignit pas d'inscrire ces paroles: « Dieu l'a fondée, Dieu la soutiendra. »

« Qu'on se représente les longues galeries, les cent sept colonnes dont les ombres s'allongent sur l'immense pavé de marbre de l'île Prochonèse, les cent portes de bronze décorées de bas-relief d'argent; puis un dédale de chapelles, d'escaliers, d'oratoires, de salles de Synodes, etc.. Et, à travers toutes ces merveilles, représentez-vous les ornements somptueux de la liturgie orientale, les costumes étincelants de la cour de Byzance, puis la foule aux vêtements de nuances vives, avec un mélange de capes pourprées, de colliers de pierreries, de simarres de soie; elle s'agite et se presse sous l'immense nef éclairée par 6000 candélabres. Telle était la Sainte-Sophie aux temps heureux d'autrefois. » (Christiam)

Au jour de la prise de Constantinople par Mahomet II, plus de 100000 chrétiens s'enfermèrent dans l'immense édifice.

Un moment après, les portes étaient brisées par les haches ottomanes, et un carnage horrible s'en suivait, dominé par des cris d'immense douleur.

Les sénateurs, les vierges et les nobles matrones étaient enchaînés comme de vils esclaves; les statues brisées, les richesses du temple volées.

Soudain, Mahomet apparaît à cheval sur la porte, le silence se fait. Il s'avance au milieu des vizirs et des janissaires et monte jusque sur l'autel profané en jetant à travers l'église dévastée, ce cri de l'Islam triomphant : « Allah est la lumière du ciel et de la terre ! »

Il fait arborer sur Sainte-Sophie l'étendard du prophète. Pour arriver à l'autel, il avait dû passer à travers les cadavres des chrétiens égorgés; il appliqua sa main rougie de sang sur la muraille et l'on montre encore ce que l'on dit être l'empreinte sanglante.

Nous entrons dans deux autres mosquées : celles de Yeni Validé Djani et du Sultan Achmet, elles sont très belles; de même les églises saint Serge et saint Bachus converties aujourd'hui en mosquées.

Le soir on visite les fameux bazars, uniques au monde. Ce sont d'immenses galeries, comprenant plus de quinze rues couvertes et plus de dix mille marchands. Ces bazars n'ont pas moins de plusieurs kilomètres, et toutes les variétés du costume oriental, toutes les richesses des broderies d'or ou d'argent, en un mot, la plupart des produits s'y donnent rendez-vous.

Puis on fait l'ascension de la tour de Seraskiérat. Nous gravissons son escalier de 250 marches. Du sommet, un panorama magnifique se présente à nos regards. La Corne d'Or avec ses nombreux bateaux, les quartiers de Galata, de Péra, les îles des Princes, les villes de Chalcédoine, de Scutari avec ses cyprès, en face, sur la côte d'Asie... c'est féerique.

La tour de Seraskiérat se trouve située dans la cour de casernes turques. Des soldats ottomans y manœuvrent lourdement, à l'allemande, en même temps qu'une musique militaire, que nous écoutons avec plaisir, joue des morceaux également à l'européenne.

Nous nous rendons au couvent de Koum-Kapou. A l'église de l'Anastasie, le R. P. Joseph prononce une allocution sur l'union des Eglises et l'œuvre de l'Assomption à Constantinople. Ici, les religieux de l'Assomption ont embrassé, avec la permission du Pape, le rite grec, afin d'atteindre plus efficacement ceux qui vivent dans le schisme. Le R. P. Marie-Léopold, en termes émus, demande aux pèlerins de prier pour ses religieux et pour l'union des églises.

Une archiconfrérie — Notre-Dame-de-l'Assomption — dont le siège est à l'Anastasie, a été instituée dans le but de ramener à l'unité catholique les églises dissidentes.

Des rafraîchissements nous sont servis dans le jardin des Pères, et, après un moment de repos, nous prenons le train qui nous ramène tout près du pont de Galata. Beaucoup, au lieu de traverser le pont, préfèrent monter sur de charmants caïques qui, armés de deux rames, se frayent, à travers le port, un passage dans l'onde, avec l'aisance de l'hirondelle fendant l'air de ses deux ailes. Nous sommes à la nef.

CHAPITRE XIV

PROMENADES ET VISITES
LES VIEUX REMPARTS — PORTES
DORÉE ET SAINT ROMAIN — SUR LE
PASSAGE DU SULTAN — DERVICHES TOURNEURS
SALUT A LA CATHÉDRALE — A KADI-KENI (ANCIENNE
CHALCÉDOINE) — PROMENADE SUR LE BOSPHORE

14 septembre — Le deuxième jour de notre arrivée à Constantinople, montés sur deux vapeurs, nous faisons une promenade sur la Corne d'Or, dans ce port, le plus sûr du monde, où mille vaisseaux peuvent tenir à l'aise.

Nous parcourons le quartier d'Eyoub, faisons une courte visite au Fanar pour saluer le patriarche orthodoxe et visitons le vieux sérail, ancienne demeure des sultans, où il y a un musée. Ce musée contient le prétendu tombeau d'Alexandre, merveille de sculpture, et de nombreux sarcophages.

A notre droite, nous avons le quartier de Galata à l'extrémité duquel, lors des derniers troubles, furent massacrés en une nuit et jetés à la mer, 15000 Arméniens. Les juifs ne les avaient hospitalisés que pour mieux les trahir. Quelle ressemblance avec leur ancêtre Judas !

Constantinople, à 2600 kilomètres de Paris, est bâtie sur sept collines et forme seize quartiers : *Kum-Kupi* est celui des Arméniens, le *Balat* celui des Juifs, le *Fanar* celui des Grecs, etc., etc. Le Bosphore, par son prolongemem dans l'intérieur de la ville, forme la Corne d'Or, et coupe la ville en deux.

Le soir, nous prenons le train jusqu'à Yedi-Koulé pour visiter l'emplacement de l'ancien monastère des Studistes. Là, jadis, les moines se succédaient sans interruption, jour et nuit, pour chanter des psaumes. Nous nous rendons au château des sept tours, peu éloigné de là. Du haut de ce château, nous avons une vue très étendue sur les anciens remparts, rehaussés de nombreuses tours et percés çà et là de portes monumentales. Là-bas, la porte Dorée, fermée puisque, comme à Jérusalem, les Turcs croient que les Français doivent s'emparer de Constantinople et entrer par cette issue. Mais la porte qui nous intéresse le plus est celle de saint Romain, dite porte du Canon, parce que c'est contre elle que se concentrèrent tous les efforts de Mahomet II au siège de Constantinople.

Tandis que les boulets ébranlaient les remparts, un traître du nom d'Orban, fondeur de canon, se vendit au Sultan, et en coula un en bronze, véritablement prodigieux, que 500 bœufs traînèrent à travers la Thrace, jusqu'aux murailles de Byzance. Il lançait des boulets de mille livres. Huit par jour lui suffisaient; des torrents d'huile et d'eau versés dessus ne suffisaient pas à refroidir en deux heures l'énorme pièce de bronze. Miné par sa force elle-même ce canon finit par éclater, semant par ses débris la mort autour de lui, et projetant même, jusque dans l'enceinte de la ville, des lambeaux du cadavre de son inventeur.

Le 27 mai l'assaut eut lieu; aux cris d'« Allah », 200000 hommes se ruèrent contre les remparts; les canons des défenseurs fauchent les bataillons et font d'immenses trouées. Ces troupes n'étaient que l'écume de l'armée que le Sultan avait sacrifiée à la valeur de Constantin et de Justinien. Plusieurs heures de luttes héroïques se passèrent, jusqu'au moment où les Grecs exténués virent s'avancer encore 200000 hommes de colonnes régulières ottomanes. Le canon, l'huile bouillante, les pierres, les solives enflammées, le feu grégeois, à chaque tentative les font reculer et sèment la confusion dans leurs rangs. Mais 1000 janissaires, n'ayant jusque là pas pris part à la lutte, ont juré de venger la défaite. Mahomet vole à leur tête, et tous les efforts sont concentrés sur la porte Saint Romain. Justinien tombe, blessé. C'est l'heure fatale. Les soldats n'ont plus leur chef. Constantin essaye de les rallier, mais des hauteurs de Saint-Mamas s'élancent incessamment des troupes fraîches. La première muraille est en ruines, le fossé plein de cadavres, des brèches livrent passage et Constantin, en dehors des remparts, tombe en héros... La ville fut prise.

L'empire d'Occident finit dans la décadence et dans le schisme.

15 Septembre -- La messe est célébrée à St-Benoit de Galata. Les R. P. Lazaristes, établis depuis de longues années à Constantinople, nous font visiter leur splendide collège. Puis a lieu l'ascension

de la tour de Galata; à l'intérieur, beaucoup de pigeons; ils sont regardés ici comme des animaux sacrés, ainsi que les chiens; malheur à celui qui veut les détruire. Nous allons prier ensuite dans l'église de St-Pierre des Dominicains.

L'après-midi, une cérémonie d'un autre genre attendait les pèlerins français. Tous les vendredis, le Sultan assiste à la prière dans une mosquée. Grâce aux démarches de notre ambassadeur, M. Constans, nous sommes admis à nous trouver sur son passage. Pour cela, des voitures nous transportent tout près d'Ildiz-Kiosk et de la mosquée. Divers régiments d'infanterie bordent la voie. Les soldats ont le fusil au pied, et les baïonnettes, au canon, s'élèvent redoutablement acérées vers le ciel, projetant les reflets de leur brillant acier. Les défenseurs de l'empire turc ont l'air martial; comme tous les gens de l'Orient, ils nous regardent passer avec indifférence. Quelques escadrons, pourvus de beaux chevaux, sont situés en arrière d'une des lignes de l'infanterie. Et tous ces différents régiments, aux uniformes variés et diaprés, aux armes perfectionnées, produisent un effet à la fois très pittoresque, très imposant et très suggestif. Aussi est-ce avec une sorte d'effroi que l'on passe au milieu de ces troupes en pensant à l'inconcevable malheur qui en résulterait si toutes les nations, armées jusqu'aux dents, venaient un jour brutalement et fatalement à s'entre heurter les unes les autres.

Nous prenons place sur une terrasse. Une compagnie de soldats kurdes, à l'uniforme bleu-vert, se trouve devant nous. Ces troupiers ont la triste réputation d'être les plus sauvages de l'armée turque; notre cicérone nous dit qu'ils en ont donné la preuve, lors du récent massacre des Arméniens et de la guerre gréco-turque.

A trois heures, une éclatante sonnerie de trompettes avertit du prochain passage de Sa Majesté. Le silence est glacial et solennel. Cinq ou six voitures de sultanes, précédées d'une escorte d'eunuques, commencent le défilé. Les sultanes sont richement parées : elles ont de belles robes de soie, mais leur face est entièrement voilée; quelques unes seulement ont le front et les yeux découverts. (1)

Après une interruption, passe, à son tour, la famille impériale : fils, oncles, cousins, etc. De nombreuses chamarrures d'or brillent sur les riches uniformes. L'effet est très saisissant.

Attention! La voiture de l'empereur apparaît. Les fanfares jouent, les soldats présentent les armes, poussent un hurrah formidable. Et, en même temps, un iman, sur un des minarets de la mosquée, chante une prière. Tout cela est indubitablement grave et fort imposant.

Le beau landau de S. M. Abdul-Hamid va lentement. Le sultan est assis au fond. En face de lui se trouve le célèbre général Osman-Pacha qui a tenu

(1) Le sultan a 600 épouses, dont 300 demeurent au nouveau sérail et autant au vieux sérail. Chaque jour il en choisit un certain nombre pour l'accompagner; et, ce vendredi, une quinzaine faisaient partie de sa suite. Qui ne sait que la religion de Mahomet ordonne la pluralité des femmes à tous ceux de ses sectateurs qui ont les moyens de se payer ce luxe bien oriental.

pendant si longtemps les Russes en échec, dans les plaines de Plewna. C'est l'homme le plus populaire de toute la Turquie. Je n'ai pas le temps de le considérer, mon attention se trouve absorbée par le Sultan, dont la figure se détache en jaune mat sur le bleu foncé du coupé impérial. Abdul-Hamid est pâle et maigre; il a une assez forte barbe, le nez passablement arqué. Il parait plus âgé qu'il ne l'est en réalité : il n'a que 53 ans et on lui en donnerait facilement 60. Quant à sa tenue, elle est plus simple que celle des gens de sa suite : il porte une sorte de long caftan vert sombre, avec le fez rouge traditionnel; les galons brillent par leur absence presque complète.

Les généraux, maréchaux, hauts dignitaires, tout galonnés d'or, suivent l'empereur qui ne tarde pas à disparaître dans la mosquée située tout près. Après environ un quart d'heure d'attente, le cortège reprend la route qu'il avait suivie. Maintenant c'est le souverain en personne qui conduit le landau, avec ces différences que les chevaux vont au trot et ont été changés : ils sont blancs au lieu d'être noirs. Et, fait désopilant, comme la montée est rude, des officiers à pied et d'un certain embonpoint sont tout essoufflés et suent à grosses gouttes, pour suivre le bel équipage.

Chaque fois que l'empereur passe, il salue les pèlerins français en s'inclinant légèrement. Puis, à la fin de la cérémonie, il nous fait offrir du thé, des gâteaux exquis et d'excellentes cigarettes; tandis que le chambellan vient remercier notre distingué directeur et le saluer avec la plus parfaite courtoisie.

« Cette vision éphémère des grandeurs terrestres venait de disparaître à nos regards un moment fascinés. »

Nous retournons bientôt à Constantinople par la même voie que nous sommes venus; nous passons devant des jardins et un palais impériaux, situés sur le Bosphore, où nous admirons un magnifique portail artistique doré.

Nous nous rendons ensuite chez les Derviches tourneurs. Ils sont une vingtaine qui, au son d'une musique étrange, sur un pavé ciré, pivotent sur eux-mêmes d'une façon vertigineuse. Ils ont les pieds nus, les bras tendus, les yeux mi-clos et sont couverts d'une ample robe blanche, qui, en tournant, forme à la base une circonférence extraordinaire. (1)

N'est-ce pas une religion étrange ? Ils font un fameux travail, dis-je à un pèlerin qui était à mon côté. « Que c'est bête ! » fut la réponse.

Au même moment les Derviches hurleurs donnaient une séance à Scutari, sur la côte d'Asie. A considérer ce qu'était celle à laquelle nous venions d'assister, celle des Derviches hurleurs ne devait-elle pas être absolument cocasse, en même temps qu'effrayante ?

Un salut à la cathédrale, dans le quartier de Péra, termine le programme de la journée. On y prie pour les œuvres catholiques de Constantinople, en

(1) Cette danse burlesque des Derviches tourneurs dure une heure; elle a lieu le vendredi.

même temps que la relique du grand prélat saint Jean Chrysostome est exposée à notre vénération.

16 Septembre — Le matin, nous partons en bateau à vapeur pour Scutari et Kadi-Keni, l'ancienne Chalcédoine, situées sur la côte d'Asie.

La paroisse de Kadi-Keni qui compte au moins douze chapelles catholiques, a été confiée par Léon XIII aux P. P. de l'Assomption. La messe du pèlerinage est célébrée dans leur grande et belle église, qui est comble de monde, les catholiques de Kadi-Keni étant venus nombreux. Les Pères ont ici un séminaire grec. Ils nous font servir un excellent déjeuner, pendant lequel des cantates à la France et aux pèlerins sont chantées par les Assomptionnistes et par leurs novices de Fanaraki. Visite du collège des Frères et de leur magnifique musée.

Revenus au bateau, nous pouvons à peine y circuler tant les visiteurs et les étrangers abondent. Mgr Bonnetti, délégué apostolique, donne le salut à la chapelle. La belle maitrise du pèlerinage, organisée à Jérusalem et à laquelle l'inhabile auteur de ces lignes apporte son modeste concours, fait entendre ses plus beaux morceaux sous l'excellente direction de M. l'abbé Roux. Le P. Marie-Léopold adresse à cette foule amie de chaudes paroles. D'innombrables adieux s'échangent entre les pèlerins et les visiteurs qui quittent le bord. Le quai de Galata est couvert d'une foule immense, foule respectueuse et sympathique, mélange de costumes asiatiques et européens, contrastant singulièrement entre eux. La nef s'éloigne lentement du quai, les mouchoirs s'agitent et les cris de : Vive la France ! retentissent. On chante l'*Ave Maris Stella*; le navire passe au milieu de la Corne d'Or, en se dirigeant vers le Bosphore. Devant un stationnaire russe les acclamations de : Vive la Russie ! se croisent avec celles de : Vive la France !

La longueur du Bosphore est de 27 kilomètres et sa largeur varie de 500 à 2000 mètres. Ses rives sont enchanteresses. On admire le palais de Dolgmo-Bagchté, où le sultan vient pour les cérémonies officielles. Ses marbres blancs resplendissent sous les rayons du soleil.

« Sur les coteaux s'étagent les consulats, les ambassades et les villas princières. Plus loin Therapia, la résidence d'été des ambassadeurs de France. Semblable à une succession de montagnes, le détroit serpente en de brusques sinuosités; chaque rive se creuse en golfe et s'avance en promontoire, se resserre, s'échappe jusqu'à ce qu'elle se perde dans l'infini de la Mer Noire. » (Christiam)

Les rives du Bosphore sont très luxuriantes, parsemées de villages et de bourgs.

Arrivée à l'entrée de la Mer Noire, la nef vire de bord. C'est vraiment beau alors à voir la poupe et la proue balayer devant elles l'eau bouillonnante de la mer; et celle-ci se précipiter ensuite dans le gouffre béant, en même temps que le vaisseau exécute habilement son mouvement circulaire.

Nous revenons en arrière. Voici de nouveau le navire russe, que nous croisons. Rangés sur les haubans et sur les vergues, les marins nous saluent de leurs joyeux et enthousiastes hourras, auxquels nous répondons de même.

La capitale de la Turquie étend déjà devant nous son panorama magnifique. Appuyé sur les bastingages, je contemplais, une dernière fois, cette immense ville dont les nombreux minarets, se profilant dans le ciel, étaient encore partiellement inondés des derniers rayons du soleil mourant. Je méditais mélancoliquement sur cette ancienne Byzance où, à 500 ans en arrière, fleurissait le christianisme; et maintenant courbée, depuis de trop longs siècles, sous le cimeterre, parfois sanguinaire, du musulman fanatique.

Mgr Bonnetti, M. le général de Toustain et les religieuses de Kadi-Keni qui ont fait avec nous la délicieuse promenade du Bosphore, sont, au moyen de deux bateaux-mouche à vapeur, venus pour les chercher, descendus à Constantinople. Il y a eu au moment de la séparation des adieux très émouvants échangés; pensez donc nous revenions en France, tandis qu'eux restaient sur la terre étrangère...

ATHÈNES

CHAPITRE XV

LE PIRÉE
TEMPLE DE THÉSÉE
PRISON DE SOCRATE
ACROPOLE — LE PARTHÉNON
L'ERECTHÉION — TEMPLE DE JUPITER
ET D'ESCULAPE — ODÉON D'HÉRODE ATTICUS
LA NOUVELLE ATHÈNES

18 Septembre — La traversée de Constantinople au Pirée s'accomplit en 37 heures. Ce port est vaste, il est presque entièrement entouré de terres, de montagnes comme celui de Toulon. A notre arrivée, Mgr Paléologue, curé latin de cette ville de 21000 habitants, vient à bord accompagné de cinq guides parlant français. Ces derniers ont pour mission de nous conduire à travers les ruines de l'ancienne Athènes.

Le vice-consul français, M. Pons, accompagné d'un religieux de Saint François de Sales de Troyes et des sœurs de Saint Joseph montent également sur le *Notre-Dame de Salut*.

Après le déjeuner, les pèlerins débarquent et prennent place dans le train qui les conduit à la capitale de la Grèce, éloignée de là de deux lieues seulement. On salue en passant l'ancien port de Phalère. La campagne est assez aride; le sol crayeux et poudreux... très peu de terre végétale. Où est donc la France, avec sa fécondité et ses riches cultures, nous sommes-nous dit souvent pendant le long cours de nos pérégrinations. Nous descendons à la station la plus proche de l'Acropole, célèbre colline que surmontent des monuments antiques, plus ou moins en ruines, mais qui font néanmoins encore l'admiration des contemporains et donnent une idée de la civilisation très avancée atteinte jadis par cet ancien peuple.

Avant d'y arriver, nous passons au temple de Thésée, admirable édifice dorique, de toutes les ruines la mieux conservée puisqu'elle date du Ve siècle avant Jésus-Christ, à la prison de Socrate établie dans une roche et fermée par un grillage : là, le célèbre philosophe y but la mortelle cigüe; à l'antique Athènes : des fondations, des murs peu élevés formant des rues étroites, sont tout ce qui reste de la glorieuse, de l'opulente et immortelle cité. (1) Nous arrivons bientôt à l'Acropole, d'une hauteur de 50 mètres, et formant un plateau de 150 mètres de largeur sur 300 de longueur. Voici la place, maintenant déserte, de l'Aréopage, le tribunal d'Athènes, et la fameuse tribune en plein air de l'*Agora*. C'est là que retentit la voix puissante du célèbre orateur Démosthène, et celle, encore plus illustre, de l'apôtre saint Paul, prêchant la religion qui de-

(1) Quatre mille statues ornaient les rues et les places publiques de l'ancienne Athènes.

vait régénérer le monde. Les Actes des Apôtres (1) rapportent, que : lorsque l'*apôtre des Gentils* vint à parler de la résurrection des morts, les uns s'en moquèrent, et les autres dirent : Nous vous entendrons une autre fois sur ce point. Cependant quelques personnes de cette foule frivole, embrassèrent la foi, entre autres : la femme Damaris et le sénateur Denys. Ce dernier devait, plus tard, venir prêcher l'Evangile dans les Gaules, à Paris, et y subir ensuite, vers l'an 117, le martyre sur la glorieuse colline qui supporte l'éclatant hommage des catholiques au Sacré-Cœur.

Sur l'Acropole s'élèvent les ruines majestueuses des Propylées (2), édifice à plusieurs portes, orné de sculptures et de colonnes, et formant l'entrée principale d'une citadelle, d'un temple ; — du Parthénon, aux belles colonnes, long de 74 mètres et large de 35 ; — et de l'Erecthéion aux célèbres cariatides, figures de femmes, sculptées sur le marbre, soutenant une corniche. Ces cariatides atteignent le fini de celles de nos temps modernes. Il en manque quelques-unes à l'Erecthéion, et elles ont été prises, nous dit malicieusement notre guide-explicateur, par « *ces insatiables et indélicats anglais qui s'emparent de tout.* »

Dans le Parthénon, au temple de Minerve, déesse de la sagesse, des arts et de la guerre, on y conservait la statue de cette divinité (chef-d'œuvre de Phi-

(1) Chapitre XVII.

(2) Construit par Mnesiclès il a été dégradé par les Ottomans.

dias), cette statue était toute en or et en ivoire. L'entablement du temple était peint en rouge, bleu et doré. Sur les frises se trouvaient entremêlés l'or et les teintes vives, étincelant au soleil, non moins que les boucliers d'or qu'Alexandre y avait fait suspendre.

De ces divers monuments il ne reste plus à présent que des cariatides, colonnes, entablements, escaliers et murs. Ce sont autant de précieux vestiges de l'art grec.

Ici, sur cette colline, étaient les merveilles dues au ciseau de Phidias, le plus grand statuaire de l'antiquité et de ses disciples ou rivaux : Iktinos, Kallicrate, Kritios, Kalami et Miros.

De l'Acropole on a une fort belle vue sur toute la nouvelle Athènes et sur toutes les montagnes aux noms classiques : à l'est, l'*Hymette*, le *Pentélique* et le *Parnès*, qu'il ne faut pas confondre avec le Parnasse ; à l'ouest, l'*Icare* et, par-dessus, la cime du *Cithéron* ; non loin le *Libabette* au sommet duquel est un couvent ; dans la plaine où deux cours d'eau, l'*Ilissos* et le *Céphise* serpentent. Enfin, au sud, on voit la mer, le Pirée, les côtes de Salamine, d'Egine, d'Epidaure et la citadelle de Corinthe.

Descendus de ce mont, nous visitons, à peu de distance de l'ancienne Athènes, les antiques monuments suivants : le temple de Jupiter (dieu de l'Olympe), qui n'a pas moins de 120 colonnes ; celui d'Esculape, dieu de la médecine ; l'arc de triomphe d'Adrien ; l'Odéon d'Hérode Atticus ; le théâtre Dynision et le stade, nouvellement restauré, où l'on a dernièrement célébré les jeux olympiques.

L'Odéon d'Hérode, où se faisaient entendre les poëtes et les musiciens, était entouré de nombreux bancs circulaires, en marbre, disposés en gradins. Ces bancs sont aujourd'hui plus ou moins détériorés. On nous montre les places remarquables qu'occupaient le grand-prêtre et les hauts personnages.

Dans l'aprés-midi nous parcourons la nouvelle Athénes: ville qui, en 1834, comptait seulement 300 maisons, et maintenant renferme une population de 120000 habitants. Nous passons devant le palais royal dans les jardins duquel croissent de beaux et nombreux poivriers; je cueille à l'un d'eux un petit rameau qui supporte de nombreux fruits à couleur rouge, et qui sont les grains de nôtre précieux piment, le poivre, dans leur jolie enveloppe.

On nous montre la chambre des députés; nous pénétrons dans l'église byzantine ainsi que dans la cathédrale orthodoxe; ces sanctuaires sont richement décorés. Il faut dire qu'il n'est guère facile d'entrer dans les églises car c'est un jour d'élection, et ici on vote dans ces lieux de prière; choix qui me parait déplacé, surtout si, comme en maints pays, les élections se font d'une manière mouvementée et bruyante.

La chaleur est forte. Dans un débit de boissons nous étanchons notre soif avec de la bière très fraîche. D'excellents raisins sont aussi bien de saison; car, en même temps qu'ils désaltèrent, ils calment la faim qui commence à se faire sentir; les pèlerins n'ont rien mangé depuis le matin et l'appétit se trouve encore aiguisé par le surmenage de la journée.

Nous ne tardons pas à reprendre le train qui nous ramène au Pirée. Ensuite, en route pour la charmante ville de Naples.

CHAPITRE XVI

UN PÈLERIN
QUI A MANQUÉ LE TRAIN
PROCESSION A BORD — DANS LE
DÉTROIT DE MESSINE — ÉRUPTION DU STROMBOLI

Au repas du soir on s'aperçoit qu'il y a un manquant. Voici ce qui était arrivé : un pèlerin, déjà attardé, pour regagner la gare, était tombé sur un long cortège formé de voitures, précédées de fanfares. C'était une manifestation en l'honneur de Mercuris, le nouveau maire d'Athènes, élu le jour même. Ce pèlerin veut traverser le cortège, mais il est arrêté comme un séditieux, un antimercuriste sans doute. Ne sachant nullement s'expliquer dans la langue de Démosthène, il est conduit au poste. Un moment après, les manifestants étant allés chercher quelqu'un pour comprendre ce terrible étranger, il est rendu à la liberté. Il s'empresse alors de prendre le train pour le Pirée, saute dans une barque, fait des signaux désespérés, mais, hélas ! la nef vogue déjà au large, on ne s'aperçoit de rien...

Le pèlerinage ne devait-il pas suivre une autre voie que celle où il s'engage maintenant ? passer par le canal de Corinthe et Patras, au lieu de contourner la presqu'île de Morée ?

Si l'itinéraire a été ainsi modifié, c'est à cause de l'obstruction du canal de Corinthe à la suite d'un éboulement, ce qui en rend le passage difficile. Et cette petite déception de notre voyage aura été peut-être providentielle, puisque nous apercevons à chaque instant, du côté de ces parages, des éclairs éblouissants, signes d'une violente tempête.

Le temps, sur le bateau, se passe au retour comme à l'aller : chants, musique, poésies et conférences occupent surtout les soirées. Nous donnons à la fin de ce chapitre la charmante *Ballade des sabots* composée et chantée par le spirituel et distingué curé d'Asnières : M. l'abbé Sédillot. Le mardi, 19 septembre, une fête faisant pendant à celle de l'aller est célébrée : un très joli reposoir a été dressé, où les guirlandes de roses, bannières, oriflammes, tentures et verdures des *jardins royaux d'Athènes*, produisent le plus bel effet. A la procession, les dames suivent la croix, puis viennent les hommes, les prêtres en chasubles, le dais porté par quatre pèlerins, et le Saint-Sacrement par M. l'abbé de Bréon que suivent le directeur du pèlerinage, le commandant du navire, tout l'état-major. Les matelots présentent les armes autour du reposoir; la chorale fait entendre ses harmonieux morceaux. Le P. Marie-Léopold, dans une courte allocution, salue Jésus roi du ciel et de la terre.

A la chapelle une nouvelle bénédiction a lieu et le canon tonne.

20 Septembre — Nous passons, cette fois-ci en plein jour dans le détroit de Messine.

A droite se déroulent les côtes, parsemées d'habitations de la Calabre, la terre classique des brigands. Sur ce littoral sont les villes et villages de Reggio (16 000 habitants), Archireggio, Gallico, Catona, San Giovani et Gannitello, peu éloignés les uns des autres.

A notre gauche, c'est la Sicile avec ses montagnes boisées, que domine l'imposante masse de l'Etna, dont l'altitude est de 3312 mètres. La cime semble se cacher dans les nues. La base de cette montagne énorme ne mesure pas moins de 180 kilomètres de circonférence. L'Etna nous apparait d'un aspect différent comprenant trois zônes : la première a plus de 1000 mètres, et est, grâce aux cendres et à la lave délitée qui la recouvre, d'une admirable fertilité; aussi donne-t-elle de superbes récoltes, et 70 à 80 villes ou villages y sont-ils disséminés. La deuxième s'étend jusqu'à près de 2000 mètres; le chêne-vert, le hêtre, le pin, le sapin et le bouleau y poussent au milieu des broussailles. Enfin, la troisième région est dénudée, faisant place, contraste frappant, à la nejge et aux cratères embrasés d'où s'échappent continuellement des torrents de vapeur et quelquefois de lave. La plus violente des éruptions de l'Etna (1) a été, peut-être, celle de 1693; un épouvantable tremblement de terre l'accompagna; 40 villes furent partiellement ou totalement détruites et 60 à 100000 personnes furent trouvées mortes sous les décombres.

Un moment les nuées se dissipent et nous pouvons apercevoir une immense colonne de fumée qui

(1) L'histoire comporte 80 éruptions de ce volcan.

s'élève des cratères du volcan pour former un volumineux nuage dans le ciel.

Nous voici devant la ravissante ville de Messine, d'une population de 151436 habitants, y compris la vaste banlieue. Cette ville, très ancienne. dominée par des montagnes aux cimes rocheuses et crevassées, fut fondée par Perières et Crateminès, en l'an 732 avant Jésus-Christ. Lors des croisades, Richard Cœur de Lion et Philippe-Auguste en firent leur quartier d'hiver. Pas moins de 40000 de ses habitants succombèrent de la peste en 1740. Enfin Louis XIV envoya devant cette ville une flotte commandée par le célèbre Duquesne, qui remporta une grande victoire sur les Espagnols et les Hollandais coalisés, mais ne parvint pas toutefois à s'emparer de la ville.

Un grand souvenir religieux est conservé dans la cathédrale de Messine : c'est la fameuse lettre que la Sainte Vierge envoya en l'an 42 aux habitants par l'intermédiaire de saint Paul et en l'honneur de laquelle ils ont célébré, le 3 juin, une grande fête qui s'est perpétuée depuis.

Je ne peux quitter la Sicile sans donner un souvenir à une ville des plus célèbres de l'antiquité : Syracuse. Strabon lui donne une circonférence de 33 kilomètres, et Denys l'Ancien la fit enfermer de murs d'enceinte : 60000 ouvriers avec 600 paires de bœufs en construisirent, en 20 jours, 5 kilomètres 1/2. Comme elle a été admirablement défendue contre les forces nombreuses du consul romain Marcellus, par les puissantes machines qu'enfantait le génie d'Archimède !

Nous sommes au Pharo, à 12 kilomètres de Messine, devant lequel se trouve l'écueil rocailleux de Scylla et le tourbillon de Charybde. La nef, avec sa puissante machine à vapeur, franchit fièrement ces passages dangereux.

On se rappelle qu'ici, en 1898, par une nuit très noire et le phare, en réparation, ne fonctionnant pas le Notre-Dame de Salut s'y ensabla. On en fut quitte pour quelques jours de retard et le paiement d'une somme de 50000 fr. aux principaux armateurs messiniens appelés pour opérer le renflouage.

Le détroit de Messine a une longueur de 28 kilomètres, et sa largeur, à l'endroit le plus resserré, est de 3 kil.

A présent nous apercevons le Stromboli, dont nous avons déjà eu l'occasion de parler; il lance, à diverses reprises, des gerbes étincelantes de feu; de la lave incandescente descend sur un de ses flancs et le fait apparaître tout embrasé. Cela a lieu de 8 à 9 heures du soir par une nuit obscure, ce qui en augmente davantage l'effet. Aussi est-ce magnifique. Je dois ajouter que ces flammes, qui s'aperçoivent lorsque le soleil est derrière l'horizon et à une très grande distance, font surnommer ce volcan presque toujours en activité, le *fanal de la Méditerranée*.

Une petite distance nous sépare encore de la ville qui fait actuellement l'objet de nos pensées, et sur laquelle la nef se dirige de toute la force de sa vapeur.

LA BALLADE DES SABOTS

Au beau pays d'Armorique
Tout là-bas sur l'Océan
Où, fleurit l'ajonc celtique,
Où vole le cormoran,
Il est une jouvencelle
Fille du preux duc François
Qui, pour parure la belle,
N'a que des sabots de bois.

Elle a, dit-on, mine fière
Anne, duchesse d'Arvor,
Sa couronne est de bruyère,
Son sceptre est de genêt d'or.
Elle règne en souveraine
Sur des barons fort courtois
Portant veste de futaine
Et ses pieds sabots de bois.

Monseigneur Charles de France
Épris de cette beauté,
La voulut par alliance
Sur le trône à son côté;
Mais la petite bretonne
Répondit d'un ton narquois :
Point ne veux pour ta couronne
Quitter mes sabots de bois.

Quand viendra l'heure dernière,
Sur le seuil du paradis
O bon Monseigneur saint Pierre
Oyez bien ce que je dis :
Puisque Jésus, notre Sire,
Au ciel a gardé sa croix,
Laissez-moi dans votre empire
Garder mes sabots de bois.

NAPLES POMPÉI

CHAPITRE XVII

ILE CAPRI
NAPLES — MIRACLE
DE LA LIQUÉFACTION DU SANG
DE St JANVIER — POMPÉI — LE VÉSUVE
DÉPART POUR ROME

21 Septembre — Dès l'aube nous passons près de l'ile de Capri. L'empereur Tibère y bâtit douze villas en l'honneur des douze grands dieux et s'y retira. Elle est aussi remarquable par sa grotte d'azur.

Bientôt nous sommes dans le port de Naples. Cette ville, qui a appartenu à la France puisqu'elle fut prise en 1799 par le vaillant général valentinois Championnet, a 500 000 habitants; elle est une des plus belles de l'Italie et même de l'univers. Située dans une position délicieuse, étagée en amphithéâtre sur ses collines, avec ses nombreux monuments, ses palais, ses églises; entourée de l'occident au nord et à l'orient d'une riche ceinture de végétation parmi laquelle sont disséminés de nombreux châteaux et villas; au sud, un golfe, un port où stationnent, naviguent, s'entrecroisent des navires de toutes les dimensions; la ville de Naples est donc tout-à-fait radieuse. Mais, cependant, l'effet n'est pas aussi grandiose que celui que l'on éprouve en présence de Constantinople.

Dans le port, plusieurs embarcations accostent la nef, des Napolitains y jouent du violon, de la mandoline, au son desquels, dans une ou deux barques, des jeunes filles exécutent avec grâce des pas de danse. Puis ces artistes. tendent vers nous un parapluie ouvert, le manche tourné vers la voûte d'azur, dans lequel tombent quelques maigres santos (sous); ou bien ils nous offrent la vente de leurs divers instruments de musique. Plusieurs pèlerins profitent de l'occasion en sacrifiant un louis d'or pour s'acheter une gracieuse mandoline.

Avant de descendre, le directeur du pèlerinage nous fait sagement observer qu'à Naples, il faut surtout prendre garde à son porte-monnaie. Certes, comme partout et peut-être plus qu'ailleurs, il n'y a pas dans cette ville que des honnêtes gens, mais il ne faut pas aussi trop appréhender un accident, comme ce pèlerin d'un certain âge et d'humeur paisible, qui me fit part de son sentiment en me disant : « Eh bien, puisqu'il en est ainsi, je resterai sur le vaisseau. — On ne prend pas aussi facilement un porte-monnaie dans la poche qu'on ramasse un caillou au chemin, » fut ma réponse, laquelle eut le don de le faire sourire et de le décider à faire allègrement comme tous ses camarades.

En avant !... Après de minutieuses et longues formalités sanitaires, on débarque. O bonheur ! ne trouvons-nous pas sur le quai de Santa-Lucia le pèlerin perdu, celui qui était arrivé en retard, on s'en souvient, au départ du Pirée. Il s'était débrouillé, certes, il avait d'abord pris le train pour Patras, ne sachant nullement la modification de l'itinéraire, ensuite un bateau en partance pour Brindisi. Toute sa bourse y avait passé.

On se rend directement à la magnifique basilique de saint Janvier. Cette cathédrale, de style ogival, remaniée au XVe et au XVIIIe siècle, était comble de monde. Nous pouvons à peine y circuler pour nous rendre à l'autel baiser la relique de saint Janvier. Le miracle de la liquéfaction du sang venait de se produire. Voici en quoi il consiste : du sang de saint Janvier est enfermé dans un tube de verre, et de désséché qu'il est tout d'abord, il se liquéfie peu à peu en prenant une belle couleur vermeille. Ce miracle a lieu à trois époques de l'année : 1[o], le premier samedi de mai, 2[o], le 19 septembre et 3[o], le 16 décembre. C'est vers les 9 heures du matin que le miracle se produit, et il se renouvelle durant 8 jours.

La libre-pensée a essayé de dénaturer ce fait qui, cependant, ne s'explique ni par la physique ni par la chimie. Messieurs les libres-penseurs devraient se donner la peine d'y regarder d'un peu plus prés.

Nous avons pu constater le miracle; le sang était parfaitement liquide et rouge.

L'autel de cette basilique, sous lequel repose le corps de saint Janvier, est beau. Il est de porphyre, avec des incrustations d'argent, une croix de lapis-lazzuli, et le devant est en argent massif.

On nous montre le riche trésor. On y remarque surtout une mitre, que l'on place sur le buste du saint, toute étincelante de pierreries, parmi lesquelles figurent 3323 diamants et 178 rubis. Le regard, on le conçoit, en est facilement déconcerté.

Une suite de soixante-dix voitures (ce qui n'est pas sans étonner les Napolitains), nous transportent à travers la ville. Nous visitons saint Dominico Maggiore où l'on conserve le crucifix miraculeux qui parla à saint Thomas d'Aquin.

Nous montons par le Corso Vittorio Emmanuele, jusqu'au château Saint-Elme. On visite la splendide église, le musée, l'on admire le merveilleux panorama de Naples et de son golfe, nous trouvant admirablement situés pour cela.

Puis, dans l'après-midi, le chemin de fer nous conduit à Pompéï, éloigné d'environ 20 kilomètres de Naples. On sait que cette malheureuse ville, située au pied du Vésuve, fut engloutie subitement par une des éruptions en 79. Sa population était de 20000 habitants. Lors de la terrible catastrophe, qui survint un soir de fête, la plupart des Pompéiens étaient à l'amphithéâtre et sur les places publiques : coïncidence heureuse qui leur permit de se sauver. On n'a retrouvé jusqu'à aujourd'hui que 600 cadavres. Quant aux fouilles de cette ville, elles ont été commencées depuis 150 ans et durent encore. Mais ce qu'on en a découvert est considérable et on éprouve un charme incomparable à visiter cette ville encore debout (le recouvrement n'y est plus), bien conservée sous la cendre et la lave qui l'ont protégée, durant de longs siècles, contre des agents naturels inévitables de destruction.

Ses rues sont droites et peu larges; elles sont pavées de grands blocs de lave et bordées de trottoirs; aux coins des rues, des fontaines, ne coulant plus, sont surmontées d'une tête de déesse; dans certaines maisons, sur les murs, on remarque des fresques bien exécutées. De partout des frises, des mosaïques d'une grande richesse, tandis que devant les portes d'entrée se trouve, gravée sur la pierre, la parole de salut : « Salve »

Nous passons devant une cave pleine d'amphores de toutes les dimensions. C'étaient les récipients vinaires ou, pour parler autrement, les tonneaux des Pompéiens.

Dans la prison gît le squelette d'un malheureux prisonnier, asphyxié lors de l'engloutissement de la ville par la cendre et la lave.

Nous visitons successivement : le Sénat, la Bourse, les Thermes, divisés en salles de bains froids et de bains chauds; le forum triangulaire, le grand forum et le forum boarieum ou marché aux bœufs; les temples païens de la Justice, d'Apollon, de Mercure, de Jupiter, de la Fortune, d'Isis et d'Auguste, semblables à ceux d'Athènes; les belles villas de Diomède, de Cicéron, de Julia Félix; des Arcs de triomphe, des tombeaux, etc..

Au musée de Pompéï on remarque particulièrement : des lambeaux d'étoffes roussies, divers ustensiles de ménage, des pains très noirs ayant la même forme que ceux qu'on fait généralement dans nos campagnes, plusieurs cadavres humains, pétrifiés, parmi lesquels des gladiateurs d'une haute stature, aux parties musculaires très développées, annonçant ainsi une force peu commune, le tout provenant des décombres de Pompéï.

Nous quittons la ville déserte...

Maintenant, la cime du Vésuve jusqu'alors voilée par les nuages, se découvre et une immense quantité de fumée, parfois extrêmement noire, s'élève au dessus de son cône.

Quelques mots sur le plus célèbre volcan : il forme une montagne isolée de 12 à 1300 mètres de hauteur. Ses éruptions ont englouti, en même temps que Pompéï, Stabies et Herculanum. Le Vésuve lance parfois des pierres d'un mètre cube à une hauteur de 1200 mètres, des vapeurs et des cendres à 3000 mètres. A cette hauteur, les cendres, entraînées par les courants aériens, peuvent aller se répandre fort loin, jusqu'à Constantinople, ainsi que cela est arrivé en 172.

Le cratère actuel du Vésuve mesure 300 mètres de diamètre. On peut en faire le tour, ce qui n'est pas sans présenter du danger, vu le sentier étroit, large à peine d'un mètre, qui le contourne. D'un côté on est exposé à tomber pour être englouti dans l'abime de feu, et, de l'autre l'on peut perdre la vie en roulant sur les pentes presque perpendiculaires du cône, d'une profondeur de 4 à 500 mètres. Horribles sont, paraît-il, les roches rouges, noires ou jaunes du cratère, où l'on aperçoit, dans leurs fissures les lueurs rougeâtres de la lave en fusion; tandis qu'une masse compacte de fumée de soufre monte des profondeurs de la montagne, étreignant fortement au nez et à la gorge le hardi spectateur.

Nous allons prendre le repas du soir sur la nef. Ensuite, à 9 heures, nous partons, traversons les rues de Naples où règnent partout une activité et une joie extraordinaires, des orchestres, des joueurs de flûte, de guitare, de mandoline et de violon, des danseurs et des chanteurs, font apparemment des quartiers de la ville, des Edens. Nous voici, à dix heures de la nuit, dans le train spécial qui doit nous conduire à Rome, où nous arriverons le lendemain dès l'aube.(1)

Et maintenant, endormons-nous, s'il y a moyen, dans la masse roulante, afin de nous reposer des fatigues de la journée et de nous trouver dispos, dès le premier moment, pour accomplir nos pérégrinations à travers la Ville-Eternelle.

(1) Rome est éloignée de Naples de 175 kilomètres.

ROME

CHAPITRE XVIII

A ROME
LE PÈLERINAGE
OUVRIER FRANÇAIS
EGLISE SAINT PIERRE
VISITE DE DIVERSES ÉGLISES ET
TEMPLES PAIENS — PRISON MAMERTINE
CAPITOLE — COLISÉE

Pendant le trajet de Naples à Rome, s'éteignait à l'hôpital international de cette première ville, un pèlerin, M. l'abbé Renouf, prêtre du diocèse de Coutances, miné, depuis Constantinople, par la fièvre compliquée d'une congestion pulmonaire. Son corps devait être transporté dans sa paroisse où, peu de temps après, une grande foule, parmi laquelle cinquante prêtres, prenait part à ses obsèques.

L'abbé Renouf était âgé de 54 ans.

22 Septembre — La capitale actuelle de l'Italie est bâtie sur le Tibre, au milieu de la campagne romaine. Rome n'est-elle pas, après Jérusalem, la ville la plus célèbre du monde ?...

Si, à Rome, il fallait tout visiter, plusieurs mois seraient nécessaires. Mais, pendant les quatre jours dont nous disposons, grâce aux landaus qui nous transporteront durant toute la journée, nous pourrons voir, d'une manière au moins générale, ce qui mérite surtout d'attirer notre attention.

Disons, d'abord, qu'une centaine de Jérosolymitains sont logés à Sainte Marthe du Vatican, dans les appartements occupés autrefois par les zouaves pontificaux. J'ai la chance de me trouver de ce nombre. L'autre section est à l'hôtel de la Minerve. A deux repas nous devions nous trouver réunis ensemble, une fois au Vatican, une autre, à l'hôtel.

En même temps que nous, arrivait à Rome le pèlerinage des ouvriers français, au nombre de 1200. Ils étaient conduits par le grand industriel et le grand catholique Harmel, surnommé par ses ouvriers *le bon père*.

A tout Seigneur, tout honneur ! Pénétrons dans l'église Saint-Pierre, la plus vaste et la plus belle du monde.

Elle a 187 mètres de long sur 137 de large au transept; la hauteur de la grande nef est de 45 mètres. (1) On marche sur un pavé en marbre et en porphyre avec des dessins formant des fleurs, des rosaces, des losanges de la plus grande variété et de la plus grande richesse. De tous les côtés, on n'aperçoit que des marbres rares, des statues — au nombre de 389 — des bronzes, des tableaux en mosaïque. Sept cent quarante huit colonnes portent ou ornent l'édifice, et une seule de ses chapelles est

(1) La superficie intérieure dépasse 2 hectares (21000 mètres carrés), mais les proportions sont si bien gardées, qu'au premier abord on ne la dirait pas aussi spacieuse.

grande comme une cathédrale. Tout cela, n'est-ce pas féérique ?

La confession de saint Pierre, qui se trouve sous la coupole, est entourée d'une balustrade de marbre qui supporte 120 lampes de bronze doré. Au-dessus du maitre-autel, s'élève un baldaquin, également de bronze et couvert de dorures; il a la hauteur de la colonne Vendôme. Sous l'autel repose, depuis plus de 1800 ans, le corps du Prince des apôtres; il est renfermé dans une châsse d'argent, doublée d'un coffre en bronze doré et surmontée d'une croix d'or. A ce sujet, disons : Honneur et gloire absolus soient rendus au premier Pape, à saint Pierre ! On descend là où il repose, par un vaste et double escalier ovale en marbre blanc. La statue du pape Pie VI — chef-d'œuvre du sculpteur Canova (1) — est agenouillée les mains jointes, en face de la porte de bronze derrière laquelle est la crypte. C'est ce pape que le Directoire par son intolérance, et de concert avec les révolutionnaires romains, persécuta et fit déporter à Valence où il mourut. Dans la cathédrale de cette ville, on conserve son cœur. Au dessus du baldaquin se dresse l'immense coupole de Michel-Ange; elle a 146 mètres de hauteur. Chacun des piliers qui soutiennent ce chef-d'œuvre a 71 mètres de tour. Au fond de la nef se trouve, enchâssé dans un trône de bronze doré — chef-d'œuvre du français Bernim — le fau-

(1) Une de ses joues n'est point achevée; par respect pour l'auteur, aucun artiste n'a voulu terminer cet admirable travail de peur de le profaner.

teuil, incrusté d'ivoire et d'or, sur lequel saint Pierre et ses successeurs étaient assis dans les catacombes. Cette chaire de saint Pierre était la chaise curule du sénateur Pudens, qui l'avait lui-même donnée au vicaire de Jésus-Christ.

A Saint-Pierre on conserve de précieuses reliques, entre autres : le voile de sainte Véronique sur lequel s'imprima la face du Sauveur; la lance qui perça le divin Crucifié; une partie de la vraie Croix; des cheveux et une portion du voile de la Sainte-Vierge.

Si l'on sort de la basilique vaticane, on a devant soi la place Saint-Pierre, qui mesure 196 mètres de long, et est encadrée à droite et à gauche, par une colonnade à quatre rangs de colonnes : œuvre très remarquable de Bernim.

Les statues de saint Pierre et de saint Paul, un obélisque et une fontaine décorent cette splendide place.

Si, maintenant on se retourne du côté de la façade de l'église du Chef des catholiques, l'œil étonné se trouve en face d'un énorme édifice mesurant 117 mètres de longueur sur 50 de hauteur.

Cette basilique, élevée à la gloire de Notre-Seigneur-Jésus-Christ et de son Église, est assurément une des merveilles, sinon la plus grande merveille du monde, construite de main d'homme.

Pense-t-on qu'elle occupe l'emplacement des jardins de Néron ? de ce monstre couronné qui faisait attacher les premiers chrétiens, enduits de poix, à des pieux enfoncés en terre le long des allées de ses jardins, et, après y avoir fait mettre le feu, se promenait le soir à la lueur de ces étranges et horribles flambeaux.

Plusieurs autres églises, dans lesquelles nous pénétrons, rappellent quelques grands souvenirs. Ainsi, dans celle de saint Marcel au Corso, on voit le crucifix miraculeux qui, lors de la destruction de l'église par un incendie, resta absolument intact. La prison où saint Paul resta deux ans prisonnier et écrivit plusieurs de ses épitres, est renfermée dans l'église Santa-Maria. L'église sainte Cécile se trouve sur l'emplacement de la maison de cette sainte et sur le lieu de son martyre.

Notons le temple d'Agrippa, aujourd'hui le Panthéon, qui renferme le tombeau de Victor-Emmanuel. De nombreuses et riches couronnes sont sur la tombe de ce roi. Des officiers se tiennent tout auprès. Il y a aussi des registres sur une table; mais les pèlerins n'y vont pas apposer leur nom, car c'est Victor-Emmanuel lui-même qui a dépouillé le Pape de ses Etats.

23 Septembre Le matin, a lieu l'ascension de la coupole saint Pierre. Une rampe douce et facile conduit sur la terrasse, que l'on croirait être une place publique. Il y a des logements habités par les gardiens de l'immense basilique, et une fontaine. Les statues du Sauveur et des douze apôtres qui surmontent la façade (statues qui de la place Saint Pierre nous paraissaient avoir la hauteur d'un homme) n'ont pas moins de 17 pieds de hauteur.

La coupole saint Pierre est entourée d'une autre coupole; c'est en passant entre ces deux murailles que l'on parvient au sommet. Une galerie permet de voir dans la basilique, et de lire de près ces mots : *Tu es Petrus et super hanc petram, ædificabo Ecclesiam meam !* Tu es Pierre et sur cette pierre je bâtirai mon Eglise... Ces lettres ont trois mètres de hauteur et sont tracées sur un fond de mosaïque d'or.

Une seconde galerie nous laisse admirer toutes les pieuses mosaïques qui décorent la coupole et mesurer l'effrayante hauteur du monument. Les personnes placées autour de la Confession de saint Pierre apparaissent ainsi semblables à de petits nains.

Une échelle en fer nous permet de monter dans la palla ou boule de 2m 42 de diamètre; cette boule peut contenir 16 personnes; elle est surmontée d'une croix couronnant le grandiose édifice.

De là, le panorama que nous avons sous les yeux est des plus magnifique. Nous voyons l'antique et vaste cité de Romulus, les plaines qui l'environnent, au loin, les monts Latium, Sabine et la mer Méditerranée.

Nous descendons du faite de ce somptueux monument et nous reprenons nos landaus, qui nous transportent successivement : aux temples que le paganisme avait fait élever à Jupiter, Apollon, Mercure, la Justice; à divers forums, tels que celui d'Auguste, de Trajan; le tout semblable à ceux que nous avons déjà vus précédemment. Nous allons à l'arc de Titus — érigé en l'honneur du vainqueur de Jérusalem — sur les bas-reliefs duquel est représentée l'entrée triomphale de Titus à Rome; dans le cortège on voit figurer le chandelier à sept branches, la table d'or et les trompettes d'argent du temple de Jérusalem.

Nous voici à la célèbre prison Mamertine, affreux cachot souterrain, où tant de malheureux captifs ont été égorgés. Jugurtha, roi de Numidie, y mourut de faim. Aristobule, roi de Judée, et Tigrane, roi d'Arménie, y périrent par le glaive; de même le fameux héros des Gaules, Vercingétorix. On montre la pierre de granit sur laquelle saint Pierre et saint Paul furent attachés, la fontaine qui jaillit miraculeusement, permettant au chef des apôtres d'administrer le baptême aux deux geôliers qu'il avait convertis.

C'est par un soupirail qu'on descendait les prisonniers et que l'on faisait passer la maigre nourriture destinée à sustenter leur misérable vie.

Quittons ce lieu qui évoque de si tristes souvenirs, et rendons-nous au Capitole, situé tout près de la prison Mamertime. C'est dans le temple de Jupiter Capitolin que les Césars triomphateurs venaient rendre grâces aux dieux. Il ne nous est pas permis d'y entrer. A ce moment, nous pensons naturellement aux oies du Capitole, sentinelles vigilantes, qui donnèrent l'éveil à la garnison romaine, lorsque nos ancêtres victorieux, les Gaulois, y montaient à l'assaut.

A côté du Capitole est la *Roche Tarpéienne*, d'où l'on précipitait les criminels.

Nos landaus reprennent leur course à toute vitesse, pour s'arrêter au pied du Colisée, de ce monument aux ruines gigantesques, devant la majesté duquel l'esprit se trouve terrassé. Sa forme est ovale : il mesure 200 mètres de long sur 160 de large. Sa hauteur est de 49 mètres. Quatre-vingts portes y donnent accès. C'est dans cette enceinte que les gladiateurs se battaient entre eux ou disputaient leur vie aux bêtes féroces. C'est là aussi, que de nombreux chrétiens servaient de pâture aux lions et aux tigres, le tout devant le *Podium*, réservé à l'empereur, aux vestales et aux hauts personnages, et les trois gradins qui supportaient une foule avide de ces genres de spectacle, dus aux instincts barbares que le paganisme était impuissant à maitriser.

Ne savons-nous pas par les récits de Cicéron, de Pline et de Sénèque que, dans cette extraordinaire et sanglante arène, Pompée, afin de briguer une faveur, fit battre entre eux 600 lions rugissants; Octave, pour fêter son triomphe sur ses ennemis politiques, 400 panthères furieuses; et, Jules César, après avoir vaincu les Gétules, 500 malheureux prisonniers de guerre avec 20 énormes éléphants. Mais il y avait aussi les combats navals qui succédaient à la guerre sur terre.

A un moment donné, des bouches de bronze vomissaient et remplissaient d'eau le vaste bassin du Colisée. Trente navires à rames, armés de combattants, s'avançaient alors de chaque côté de l'amphithéâtre; ils prenaient leur position de combat pour lutter horriblement, corps à corps, jusqu'au dernier survivant du parti adverse. Puis, parfois, le feu était mis aux navires des vainqueurs, et ces derniers expiaient à leur tour leur triomphe, consumés par les flammes.

Quelles atroces, quelles abominables distractions

s'offrait ce peuple païen ! une seule coûtait quelquefois la vie à 10000 hommes.

***

Avant de terminer ce chapitre, je ne puis passer sous silence ce futile détail qui se présente à ma mémoire.

C'était avant de rentrer au Belvédère du Vatican pour y prendre notre dîner, et dans la grande cour y attenant ; un ecclésiastique de haute taille, avec une voix claire et puissante, s'adressait aux pèlerins de Jérusalem, à peu près en ces termes : « Vous voudrez bien faire disparaître cet insigne de pèlerinage de votre poitrine ; car, vu le gouvernement plus ou moins franc-maçon et le mouvement révolutionnaire qu'il y a eu ces derniers jours, on pourrait assimiler cet insigne à un emblème séditieux ; par ce fait nous créer des ennuis... » De prime abord je reconnus cet orateur, non pour l'avoir vu personnellement, mais pour avoir remarqué son portrait dans divers livres ou revues. C'était M. l'abbé Garnier.

Je reconnaissais de même, dans la foule, au Belvédère, M. Léon Harmel, à sa figure bonne, longue et replète, encadrée de favoris... Et plus tard aussi un personnage fameux, se promenant sur le pont du Notre-Dame-de-Salut, dont il sera parlé en temps et lieu.

CHAPITRE XIX

CONTINUATION
DES VISITES DANS ROME
AUDIENCE DU PAPE — LE VATICAN
CATACOMBES SAINT SÉBASTIEN — BASILIQUES
SAINT PAUL HORS LES MURS, SAINT PAUL AUX TROIS
FONTAINES ET SAINT PIERRE AUX LIENS
DANS LE HALL AU VATICAN

24 Septembre — C'est dimanche. Les pèlerins assistent à la messe célébrée par le cardinal Rampolla, secrétaire d'Etat de Sa Sainteté Léon XIII, dans la basilique vaticane, à l'autel de la chaire de saint Pierre. Le drapeau du Sacré-Cœur et les bannières des ouvriers sont tenus des deux côtés de l'autel, et les cantiques du pèlerinage retentissent sous les voûtes grandioses de la basilique. Nous recevons la sainte communion des mains de Son Eminence. Avant de recevoir ce grand sacrement, le communiant baise l'anneau que le prélat porte à l'annulaire de la main droite.

Après la cérémonie nous continuons nos visites à travers Rome, et nous allons à la chambre de saint Benoît Labre, le grand pèlerin-mendiant, sous le patronage duquel notre pèlerinage est placé. Dans l'appartement il y a le lit sur lequel le saint expira, ainsi que les haillons dont il était revêtu.

Nous passons devant le Quirinal, palais des rois d'Italie, qui ne présente extérieurement rien de remarquable. Nous visitons l'église sainte Prudentienne, où saint Pierre a prêché; sous le maître-autel repose une partie des restes vénérés de cette sainte; vers le milieu de l'église se trouve le puits où sainte Prudentienne, avec sa sœur Praxède, recueillaient le sang des martyrs et déposaient provisoirement leurs corps. Dans ce puits, d'après la tradition, les corps de trois mille martyrs ont séjourné.

Dans la nef de l'église sainte Praxède, une inscription indique que, dans cette enceinte, ont été ensevelis les ossements de deux mille trois cents martyrs. On y conserve la colonne de la Flagellation que sainte Hélène apporta de Jérusalem. Elle est en marbre oriental noir, sa hauteur est de trois pieds; quelques-uns ont pensé qu'elle n'était qu'un fragment. On se rappelle que nous avons déjà vu une colonne de la Flagellation, dans le basilique du Saint-Sépulcre à Jérusalem. D'après saint Jean Chrysostome et la tradition orientale, le Sauveur aurait subi deux fois le supplice de la flagellation : en premier lieu chez le grand-prêtre Caïffe et ensuite au palais de Pilate. De là, ces deux colonnes. Celle de Rome qu'on vénère à l'église sainte Praxède depuis 1223 provient de chez le grand-prêtre Anne, tandis que celle de Jérusalem sort du prétoire.

A saint Jean de Latran on nous montre la table vénérable et maintenant vermoulue ,sur laquelle Notre-Seigneur prit un repas avec ses apôtres, au Cénacle, la veille de sa passion.

Près de cette basilique est l'escalier connu sous le nom de *Scala Sancta* que Jésus-Christ monta trois fois pendant sa passion : la première fois pour son interrogatoire, la seconde fois en revenant de chez Hérode et la troisième après sa flagellation. Cet escalier de 28 marches en marbre blanc, arrosé du sang du Sauveur, est aujourd'hui recouvert d'un second escalier en bois, pour le mettre à l'abri de toute profanation et de toute souillure. On ne monte l'*Escalier Saint* qu'à genoux. Nous en avons ainsi gravi les marches profondément émus, ayant présentes à l'esprit les souffrances que devait endurer l'Homme-Dieu après le cruel supplice de la flagellation.

Le pape Pie IX repose dans la basilique de saint Laurent hors les murs. Voici la simple épitaphe qu'on lit sur le tombeau du grand pontife, composée par lui-même : *Ici les cendres et os de Pie IX*.

Tous les sanctuaires que nous avons visités, comme tous ceux que nous visiterons par la suite, sont indubitablement magnifiques : avec la grandeur de leurs proportions, leurs hautes et belles colonnes qui séparent les nefs, leurs marbres rares et leurs resplendissantes mosaïques. Ils font véritablement de Rome une ville unique au monde.

C'est dans l'église de saint André delle Fratte que se convertit le juif Ratisbonne; celui-là même qui a fondé en Palestine l'Institut des religieuses de Notre Dame de Sion; et il nous a été donné de voir, à Saint Jean, et sa chambre et sa tombe. Il pénétra à saint André delle Fratte avec M. de Buissière, son ami, et protestant récemment converti. Devant l'autel de l'Ange gardien (on nous montre la place) lui apparut la Sainte Vierge, ressemblant à la vierge représentée sur la médaille que son ami lui avait fait accepter quelques jours auparavant. Dès lors, lui qui ne s'était jamais occupé de la religion catholique, en apprit les dogmes. Il se convertit et se fit prêtre.

Donnons en passant un souvenir au monument funèbre élevé, dans le cimetière de sainte Marie des Anges, à la mémoire des zouaves pontificaux morts pour la défense des droits du Saint-Siège. Dans ce vaste champ des morts on remarque de belles pierres tombales et de superbes mausolées.

25 Septembre — Nous sommes au lundi 25 septembre, jour à jamais mémorable, consacré à l'audience du Pape, le représentant de Jésus-Christ sur la terre, le pilote infaillible qui conduit l'Eglise à ses immortelles destinées.

C'est le matin, à 10 heures. Les deux pélerinages, de Jérusalem et des ouvriers, se sont réunis. En outre, sont venus se joindre à nous, de nombreux romains. Une quantité de bannières s'élève au dessus de la foule qui se trouve sur le grand escalier, formée en rangs, attendant impatiemment son entrée dans l'immense galerie des cartes de géographie, où doit avoir lieu solennellement l'audience pontificale.

Le signal est donné, nous pénétrons dans la salle. Deux haies de gardes-susses pour contenir la foule et laisser le passage libre au Saint-Père, se tiennent au milieu tout le long de la galerie et espacées de quelques mètres. Nous nous plaçons derrière. Après un moment d'attente, passé dans une religieuse émotion, d'immenses applaudissements et des cris répétés de : « Vive Léon XIII ! Vive le Pape-Roi ! Vive le pape des ouvriers ! » éclatent au bout de la salle. Ils sont répétés bientôt par l'assistance toute entière. Pendant ce temps Léon XIII, précédé des gardes-nobles en grande tenue, entouré des cardinaux, des plus hauts dignitaires de l'Église, porté sur la *Sedia gestatoria*, avance majestueusement *donnant l'illusion d'une apparition céleste.* Nous nous agenouillons car l'illustre vieillard arrive maintenant devant nous. De sa main tremblante il nous donne sa bénédiction. Léon XIII est habillé de blanc, avec la tiare étincelante sur la tête; le visage est sérieux et grave, pâle et maigre, en quelque sorte diaphane. Le Saint-Père, nonagénaire, ne semble tenir à la vie que par un fil. Mais sous cette frêle enveloppe bat un cœur jeune, et brille une intelligence d'élite qui rayonne sur le monde et l'étonne.

Arrivé à l'autre extrémité de la galerie, où se tiennent les directeurs des pèlerinages, Sa Sainteté prend place sur son trône, entouré de sa noble cour.

Au spectacle de cette magnifique audience, notre émotion atteint son summum d'intensité. Car, comment pourrait-il en être autrement au milieu de tout cet apparat, de ces acclamations enthousiastes, et surtout à la vue de la personne auguste et en quelque sorte surhumaine de Léon XIII, de ce grand ami de la France, de ce pape de génie, auteur de ces immortelles encycliques, parmi lesquelles je nommerai celle sur la *Condition des ouvriers*, qui jette une si vive lumière sur la grande question du jour, sur la question sociale, et indique clairement aux particuliers, aux gouvernements, la manière de la résoudre pacifiquement et infailliblement.

M. Léon Harmel s'est avancé et il lit une adresse dans laquelle il se félicite de la rencontre du pèlerinage ouvrier avec le pèlerinage de pénitence « conduit par nos intrépides Pères de l'Assomption »; il remercie ensuite Léon XIII de sa sollicitude paternelle pour le relèvement moral et matériel des masses populaires; salue en sa personne auguste le Père tendrement affectueux, le Docteur infaillible et le Pilote des nations.

Mgr de Croy, camérier, lit cette réponse du Pape:

Très chers fils,

C'est pour Nous une grande joie de vous remercier une fois encore, ramenés ici par l'élan spontané de votre filial amour et de trouver dans vos rangs les pèlerins de la Pénitence qui reviennent de Jérusalem. Ils se sont joints à vous pour Nous rendre hommage, après avoir vénéré, sous la conduite des si distingués Pères de l'Assomption, les terres sanctifiées par la vie et la mort du Rédempteur.

Notre joie s'est encore accrue en entendant les paroles que vous venez de nous adresser. Celui qui parlait en votre nom offre aux patrons chrétiens un rare exemple de bonté et de sagesse; depuis de longues années vous saluez en lui plus qu'en nul autre l'ami vigilant, soucieux de vos véritables intérêts.

En fils tendrement dévoués, après avoir témoigné à Dieu votre reconnaissance de Nous avoir, dans sa bonté, prolongé le bienfait de la vie, vous revenez sur ce que Notre paternelle sollicitude Nous a inspiré pour relever, suivant les règles de la justice et de la charité, la condition morale et matérielle des ouvriers.

Notre plus grand désir, en effet, c'est de bien faire voir dans l'Eglise la véritable mère des peuples. Son affection n'a point de limites: elle guide les âmes vers le ciel par le chemin de la foi et de la vertu, mais, en même temps, elle n'a garde de dédaigner sur cette terre les intérêts du temps; elle les sanctifie lorsqu'elle ennoblit le travail des humbles et qu'elle incline à faire du bien la puissance la plus élevée. S'il s'agit de maintenir l'ordre social dans la diversité des classes, seule elle a le secret d'assurer, même ici-bas, autant que c'est possible, la félicité de tous.

Continuez donc, très chers fils, montrez un empressement tout spécial à rester fidèles aux exhortations, aux conseils, aux prescriptions que Nous ne Nous lassons pas d'adresser à la noble France, qui sont la preuve de Notre affection particulière pour elle, et que, ces jours derniers, Nous venons de confirmer dans une nouvelle Encyclique à votre clergé.

Unissez-vous étroitement sur le terrain religieux et social, dans l'obéissance à vos Evêques, soyez pleins de confiance à l'égard de vos patrons chrétiens, et travaillez tous d'accord au bien général, à la paix et à l'harmonie entre toutes les classes, condition essentielle du bonheur des peuples et de la prospérité des nations. Pour être dignes de votre nom de vrais ouvriers catholiques, usez de la puissance de l'exemple et de la parole pour ramener à Jésus-Christ ceux qui, dans votre cher pays, se sont, pour leur malheur, éloignés du Maître adorable. C'est ainsi que vous pourrez consoler Notre vieillesse, c'est ainsi que vous pourrez en ce qui vous concerne, concourir à détourner les calamités sociales qui menacent l'avenir.

Et maintenant portez une fois de plus à vos compatriotes le souvenir du Père commun des fidèles. Portez leur l'assurance de Notre constant amour; et, comme gage des grâces de choix, recevez la bénédiction que Nous vous accordons de grand cœur à vous tous ici présents, à vos familles, à vos amis, à la France entière.

Léon XIII se lève alors et, d'une voix forte et vibrante, contrastant avec la débilité apparente de sa personne, il prononce la bénédiction apostolique :

Benedicat vos omnipotens Deus Pater et Filius et Spiritus Sanctus.

Cette bénédiction du Pape a un je ne sais quoi qui impressionne grandement l'âme.

Bientôt le Saint-Père remonte sur la *Sedia*, et le cortège repasse au milieu des pèlerins. C'est le même enthousiasme; mais, cette fois-ci, les mains se tendent vers Léon XIII qui répond de même, et avec un bon sourire, un sourire très paternel.

Ces démonstrations de sympathie des fils généreux de la fille aînée de l'Eglise, doivent, malgré les tristesses de l'heure présente, beaucoup réjouir le cœur du Père des fidèles. Ça a été du moins mon sentiment à la fin de cette belle et mémorable manifestation. – L'audience avait duré 3/4 d'heure.

Qu'on me permette de donner ici quelques fragments du beau portrait qu'a tracé du Pape actuel, Séverine dans les *Pages blanches* :

« Très pâle, très droit, très mince, à peine accessible au regard, tant il reste peu de matière terrestre dans cette gaine de drap blanc, le Saint-Père siège au fond de la pièce, dans un vaste fauteuil adossé à une console que surmonte un Christ douloureux.

Pour rendre mon impression, je dirais que j'ai trouvé le Pape *plus blanc*, d'un rayonnement plus intime et plus émouvant, moins souverain, davantage apôtre, – presqu'aïeul. Une bonté attendrie, timide, semblerait-il, est tapie dans la moue des lèvres et se dénoue dans le sourire seulement. Et en même temps, le nez long, solide, révèle la volonté, une volonté inflexible, qui sait attendre.

Léon XIII ressemble aux modèles du Pérugin et à tous ces portraits de donateurs qu'on voit dans les tableaux de sainteté, sur les vitraux des cathédrales, agenouillés, de profil, en leurs habits de laine, les doigts allongés et humblement rejoints, parmi les Apothéoses, les Nativités, le triomphe des saints et la gloire de Dieu.

Il me parait aussi incarner les armes de sa maison, le blason des Pecci, avec sa taille aussi svelte, aussi altière que le pin qui se silhouette en i sur le ciel bleu, et entre ses paupières, cette clarté d'étoile matutinale et précurseuse d'aurore, qui tremble à la cime du grand arbre héraldique.

Mais ce qui, presqu'autant que le regard, attire et retient l'attention, ce sont les mains; les mains longues, fines, diaphanes, d'une pureté de dessin incomparable: des mains qui semblent, avec leurs ongles d'agates, des ex-voto d'un ivoire très précieux, sortis pour quelque fête de leur écrin. »

L'après-midi se passe à visiter le Vatican, la résidence du Pape. C'est un amoncellement de palais d'une longueur de plus de 250 mètres. Ils ne comprennent pas moins de 22 grandes cours, 8 escaliers d'honneur, 200 escaliers de service et 4 000 chambres; sans parler des longues galeries qui s'étendent, pour ainsi dire, à perte de vue. Les plus grands architectes y ont travaillé pendant 400 ans, et, avec Michel-Ange et Raphaël, tous les plus grands artistes ont contribué à sa décoration.

Dans ces palais sont renfermées les plus grandes richesses artistiques qui soient au monde.

Les peintures de la chapelle Sixtine sont magnifiques. La voûte, due au pinceau de Michel-Ange, représente des scènes de la création et du déluge. Au fond, derrière l'autel, est le célèbre *Jugement dernier* par le même artiste.

Le musée de sculpture se trouve dans d'immenses galeries où sont entassés tous les chefs-d'œuvre de l'art antique. Il faudrait écrire une brochure rien que pour les énumérer, tellement ils sont nombreux.

On demeure à la fois songeur et mélancolique devant des momies égyptiennes, datant de plusieurs milliers d'années, enfermées dans des étuis dont une partie enlevée, laisse voir le cadavre entouré d'innombrables tours de bandelettes, et la peau noirâtre collée sur les os.

Les chambres, les loges de Raphaël, sont de grands appartements sur les murailles ou les voûtes desquels le grand artiste a peint, entre autres chefs-d'œuvre, tous les principaux faits racontés par la Bible.

S'il fallait tout voir, et en même temps bien voir, seulement au Vatican, ce n'est pas d'une demi-journée qu'il faudrait disposer, mais assurément de plusieurs semaines, et peut-être même de plusieurs mois.

26 Septembre — Avant de nous rendre aux catacombes de saint Sébastien, nous passons aux Thermes de Caracalla, divisés en salles de bains froids, de bains tièdes et de bains chauds. A l'église Saint-Jean Porte Latine, sous l'autel, se trouve le lieu où saint Jean resta plongé pendant 10 heures dans l'huile bouillante : après, il se trouva mieux portant que jamais; c'est alors que le cruel et débauché empereur romain, Domitien, le fit déporter à l'ile de Pathmos.

Nous voici aux catacombes de saint Sébastien. Nous nous engageons dans des couloirs sans fin, creusés dans le tuf, et à deux ou trois étages, descendant jusqu'à 30 mètres sous terre. L'eau suinte contre les parois; la fraicheur que nous ressentons devient, au bout de quelques instants, extrême.

Les catacombes ont été creusées, non pour servir de refuge aux premiers chrétiens, mais uniquement pour leur servir de sépulture : cela est prouvé aujourd'hui. Elles devinrent bientôt des lieux de réunion à l'usage des fidèles pour la célébration des saints mystères.

Beaucoup de niches sont creusées dans les parois des galeries : on y déposait les cadavres. Quelques unes sont encore fermées avec des plaques de marbre, d'autres sont ouvertes; parmi ces dernières un certain nombre laissent apparaitre des squelettes humains tombant plus ou moins en poussière.

On nous montre la chapelle souterraine où saint Fabien disait la messe. Pendant ce temps, les païens firent irruption dans le sanctuaire; aussi le sang du saint et des fidèles qui y étaient rassemblés ne tarda pas à en inonder le sol.

Notons que le corps de saint Pierre est resté pendant cent ans dans les catacombes de saint Sébastien. Le P. Marchi évalue la longueur totale des catacombes de Rome à 1200 kilomètres, et le nombre des tombes à 6 millions. Encore y en a-t-il un grand nombre que ce savant religieux ne connaissait pas, parce que les entrées ont été comblées.

La basilique de saint Paul hors les murs, ainsi appelée parce qu'elle s'élève en dehors de Rome, renferme le tombeau de saint Paul. Nous contemplons la chaine qui liait cet apôtre dans sa prison, ainsi que son bâton. Les portraits, en mosaïque, de tous les papes, depuis saint Pierre jusqu'à Léon XIII, ornent le pourtour de la basilique. Ce bel édifice, aux marbres rares semblables à des miroirs, et aux quatre-vingts colonnes de granit, a été rebâti par Pie IX.

Dans la basilique de saint Paul aux trois fontaines on conserve la colonne sur laquelle fut décapité ce saint. Aux trois bonds que fit sa tête, jaillirent miraculeusement trois fontaines; nous en goûtons les eaux. A cette basilique nous recevons un accueil bien cordial des Trappistes français. Tout près de là est le tombeau qui renferme les restes de 10300 martyrs égorgés, dans la vallée même, par ordre du sinistre persécuteur Dioclétien.

A saint Pierre-aux-Liens, on nous montre la chaine qui liait saint Pierre au fond de la prison Mamertine, et celle qui, par l'ordre d'Hérode, liait aussi le même saint dans sa prison à Jérusalem. Elles n'en forment plus qu'une. Voici comment : saint Léon le Grand voulut comparer les deux chaines; en les mettant en présence, elles se joignirent miraculeusement pour n'en former plus qu'une, à laquelle, plus tard, on ajouta quatre anneaux de celle de saint Paul.

La chaine qui liait saint Paul est beaucoup plus petite que celle de saint Pierre, parce que le pêcheur de Galilée n'était considéré que comme un vil esclave, et saint Paul traité avec plus d'égard, à cause de sa qualité de citoyen romain.

Tous les jours les Jérosolymitains logés au Vatican, prennent leurs repas avec les ouvriers français dans l'immense hall du Vatican, orné pour la circonstance. Partout des drapeaux aux couleurs pontificales se mêlent avec les couleurs françaises. Ce hall peut contenir de quatorze à quinze cents convives. Lorsque nous y sommes tous réunis la perspective en est admirable; avec les longues tables traversant la salle dans le sens de sa largeur, entourées de convives, et remplissant le vaste hall. En regard de ces tables, à des espèces de comptoir, des sœurs de Saint Vincent de Paul dirigent et approvisionnent les servants volontaires, qui font partie de la commission et de l'aristocratie romaine. Puis, sur un espèce de kiosque nous dominant, la musique de la Garde suisse nous charme par les morceaux variés qu'elle exécute; elle commence toujours par l'hymne à Pie IX que l'assistance écoute debout, tête découverte.

Les dîners sont présidés, tour à tour par les cardinaux Jaccobini, Ferroti, Machi, Cretonne, ou par Mgr Macaire, archevêque d'Alexandrie. Des toasts ou des discours sont prononcés soit par Billiet et Gonin (de Lyon), ou par les ecclésiastiques qui président. Très remarqué le discours du cardinal Jaccobini sur la *Démocratie chrétienne*; « laquelle, dit Son Excellence, sera pour la France une ère de prospérité et de bonheur ». Le vaillant abbé Garnier donne des avis.

Au dernier repas, où les Jérosolymitains de l'hôtel de la Minerve étaient réunis aux autres pèlerins, au Belvédère du Vatican, le Saint-Père, par gracieuseté, avait fait tuer pour la circonstance un veau gras provenant d'une de ses fermes. D'excellent vin blanc de Marsala relevait agréablement le dessert.

Quotidiennement, dans l'église de sainte Marie Transportine, le salut, ainsi qu'un sermon donné par M. l'abbé Garnier, clôturent ces belles journées.

Terminons ce chapitre en disant qu'une grande

partie des 163 000 habitants de Rome vivent du bénéfice que leur procure la garde des 300 sanctuaires ou églises que renferme la ville, des voyageurs catholiques, de la charité et de la religion. Sans cela le paupérisme serait effrayant. Comme à Naples, les quémandeurs, les mains qui se tendent vers nous, abondent nous croyant, nous, Français, riches et généreux. Gare aux invectives des enfants, qui s'étaient d'abord présentés à nous sous un aspect souriant et gracieux, si on leur refuse le « santo » tant convoité.

CHAPITRE XX

DÉPART DE ROME
EMBARQUEMENT A CIVITA-VECCHIA
L'ILE D'ELBE — ORAGE — ARRIVÉE A MARSEILLE

27 Septembre — Le matin nous allons quitter la ville de Rome, si remarquable par les nombreux et gigantesques monuments qu'y ont élevé les anciens romains; et surtout par ses splendides églises, rappelant de grands et précieux souvenirs chrétiens. Le tout dominé par le Vatican, par la Chaire de St Pierre sur laquelle se sont succédés une longue suite de Papes depuis saint Pierre jusqu'à nos jours.

Un détail piquant : sur un renseignement faux, on avait annoncé qu'on pourrait permuter; c'est-à-dire que les pèlerins ouvriers pourraient revenir en France par voie de mer et les pèlerins de Jérusalem par voie de terre. Mais, tandis que deux cents candidats se prononçaient pour la nef, pas un des nôtres ne consentait à traverser les Alpes.

Le train nous emporte à toute vapeur à travers la campagne romaine qui comprend la partie de l'Italie s'étendant des Apennins à la mer. La campagne romaine est à peu près inculte et inhabitée, à cause de l'espèce de fièvre, la *malaria*, qui y régue et mine les constitutions les plus robustes.

Nous apercevons quelques maisons, ainsi que de rares troupeaux de bœufs ou de chevaux paissant dans de maigres pâturages.

Nous arrivons à Civita-Vecchia; ce que nous en pouvons voir n'offre rien de remarquable. La nef nous y attend.

Un torpilleur se trouve dans le port; à l'entrée, comme au Pirée, comme à Messine, un môle ou grosse construction en pierres, se dresse présentant son flanc, l'extrémité de sa surface circulaire aux vagues mugissantes de la mer qui se trouvent rompues, et ainsi les vaisseaux sont mis à l'abri dans le port.

Le *Notre-Dame de Salut* vogue maintenant vers le rivage enchanteur de la France. Après ce long temps d'absence, durant lequel il nous a été donné de voir tant de grandes et belles choses, dont la plupart nous ont évoqué de si extraordinaires et sublimes souvenirs, nous sommes tous contents et heureux de revoir notre patrie. C'est, qu'éloigné d'elle, on y pense, on l'aime mieux qu'à l'ordinaire, il faut l'avoir quittée pendant quelques temps pour sentir cela. Car la patrie, n'est-ce pas là où l'on est né, où l'on a grandi, où l'on a vécu, où habitent ses amis, sa famille ? N'est-ce pas là aussi que nous rencontrons les mêmes traits distinctifs de caractère avec les habitants... régis par les mêmes lois ? Et puis, c'est surtout quand on a pour patrie notre belle France qu'il faut l'aimer.

Mais, chut ! un nouveau passager se promène sur le pont. Il porte une longue barbe blanche descendant sur sa poitrine, sa démarche et ses yeux sont graves et le corps est voûté. Ce nouveau venu porte l'habit des pères de l'Assomption. N'êtes-vous pas déjà rassurés ? Ce vieillard n'est pas sans célébrité; c'est lui qui a été un des promoteurs des pèlerinages populaires en Terre-Sainte; il a aussi fondé le puissant et excellent journal qui arbore chrétiennement à son frontispice l'effigie sacrée du «Christ-Sauveur mourant sur le Calvaire» la *Croix*. Dès lors on sait le nom de ce personnage, car, qui ne connait le *Moine*, le *P. Bailly*, il est venu nous rejoindre à Rome et s'en retourne maintenant sur la nef, sur ce vaisseau qui l'a si souvent conduit dans les eaux de la Terre-Sainte. Si, exceptionnellement, il n'a pu le faire, c'est à cause des graves événements qui se déroulaient alors dans notre pays (1): la présence du Moine étant en quelque sorte indispensable à la tête de la *Croix*.

Saluons donc l'homme des grandes œuvres qu'est le P. Bailly ! Honneur à ce courageux, à ce valeureux initiateur !

La nef passe entre la Corse et l'île d'Elbe. A gauche, au loin, ce sont les côtes brumeuses du département de la Corse; et à droite, tout près, celles boisées et verdoyantes de l'île d'Elbe. Ces deux îles évoquent naturellement le souvenir du plus grand capitaine des temps modernes, de l'empereur des Français : Napoléon Ier.

Dans la soirée, une conférence avec projections

(1) La misérable affaire du traître Dreyfus, en instance devant le conseil de guerre de Rennes lumineuses est donnée par le P. Marie-Léopold sur le jubilé du pèlerinage à Lourdes et la célèbre procession des miraculés en 1897. Le P. Marie-Théophile y chante de gais et spirituels couplets. Je dois, à cette occasion, rendre un hommage bien mérité au sous-directeur du pèlerinage — le père Théophile — pour la patience, le zèle et l'érudition dont il a fait preuve par ses savantes explications. Les Jérosolymitains de Sainte-Marthe peuvent amplement en témoigner.

A la fin, M. de Bréon prend la parole. Avec un langage aussi choisi que délicat, il remercie le P. Bailly, le P. Marie-Léopold, les PP. de l'Assomption du bon pèlerinage qui s'achève et du dévouement apporté par les pères dans ce si beau, si splendide voyage.

Le P. Marie-Léopold lui répond en disant que les pèlerins ont été si bons, si unis que tout a été facile. L'éminent fondateur et directeur de la *Croix de Paris* ajoute une spirituelle causerie; il termine en disant qu'un jour nous nous retrouverons tous au ciel, le Saint-Père l'ayant promis à ceux qui feraient le pèlerinage aux Lieux-Saints; *que c'était une chose assurée.* — Ainsi-soit-il, répondons-nous de grand cœur.

28 Septembre — On prépare les bagages pour le débarquement. Mais, en attendant, un orage se déchaine sur la Méditerranée. Le temps est sombre, et les grondements, les roulements, puis les fracas du tonnerre se font entendre sur nos têtes. Allons-nous donc essuyer une tempête ? Des torrents d'eau inondent le pont, on ne voit pas à vingt mètres tant

la pluie tombe serrée, les brouillards sont épais. La nef sort, par calcul, de la route ordinaire suivie par les navires, et stoppe. Elle attend dans une espèce de rade, la fin des ondées afin de pouvoir facilement se diriger. Au bout d'une heure de temps l'orage s'apaise, la pluie cesse, le soleil reparait et la nef reprend sa marche. Puis, c'est le groupe des iles d'Hyères, c'est la chaine de montagnes plus ou moins boisées, qui recèle des batteries de canon rendant Toulon invulnérable. La ville se trouve cachée à nos regards.

Voici la Ciotat (environ 14000 habitants) assise coquettement sur les bords de la mer, avec ses chantiers de construction pour la marine.

On est à la chapelle.

M. le directeur du pèlerinage prononce une allocution émue dans laquelle il fait revivre les grands souvenirs de Rome et de Jérusalem.

On chante debout, la main droite tendue vers l'autel, le psaume : « *Si oblitus fuero tui Jerusalem* Si jamais je t'oublie, ô Jérusalem ». Le P. Bailly dit une dernière fois, devant le Saint-Sacrement exposé, la formule de l'Hommage solennel : » *Loué soit le divin Cœur qui nous a acquis le salut ! A lui gloire et honneur dans tous les siècles des siècles ! Ainsi-soit-il.* »

Nous sommes dorénavant sur le pont. On aperçoit dans le lointain la colossale statue toute dorée de la Sainte-Vierge (1) qui couronne l'église de *Notre-Dame de la Garde* qui, du haut de sa colline

(1) Cette statue a 9m 70 de hauteur.

élevée, domine les flots tumultueux de la mer. Nous passons bientôt devant elle. Ensuite c'est le morne et historique château d'If; c'est l'antique et imposante cité phocéenne. Nous sommes heureux de revoir et de saluer la Reine de la Méditerranée, que nous avons quittée depuis 12 jours. Nous n'en apercevons que ce qui s'étend en bordure sur la mer.

La nef entre dans le port. Et faut-il dire que de tous ceux précédemment visités, aucun ne lui est comparable, soit sous le rapport de la richesse et du bon agencement, soit sous celui des nombreux et beaux vaisseaux amarrés ?

Un moment après, et non sans éprouver une délicieuse émotion, nous mettons le pied dans la bonne ville de Marseille, sur le sol sacré de notre patrie tant aimée.

APPENDICE-EPILOGUE

C'est la première fois que le grand pèlerinage national a suivi un itinéraire aussi intéressant. Après les Lieux-Saints, après Jérusalem, visiter les grandes cités de Constantinople, d'Athènes et de Rome qui, avec la Ville-Sainte, résument toute l'histoire ancienne.

Ce grandiose et superbe voyage, commencé vers la seconde moitié du mois d'août, se prolongea jusqu'à la fin de septembre; il est le premier qui ait eu lieu à cette époque de l'année. S'il a été lancé à ce moment, c'est afin d'en faire profiter les nombreux professeurs et étudiants se trouvant alors en vacances. Aussi a-t-il été appelé, à bon droit et à juste titre, le pèlerinage des intellectuels.

Nombreux étaient particulièrement les professeurs ecclésiastiques qui en faisaient partie.

Disons qu'un tel voyage, accompli avec l'élite de . société qui s'inspire de la vraie charité chrétienne, est indubitablement, un des plus agréables, des plus beaux temps, pour ne pas dire le plus heureux temps écoulé dans la vie.

Combien la visite de ces lieux à jamais mémorables et sanctifiés par le Sauveur, devant lesquels sont venus, depuis le « berceau du christianisme jusqu'à nos jours, se prosterner tant de millions de croyants, et certainement objet des désirs de milliards d'autres »; combien, dis-je, la visite des Lieux-Saints *fortifie et augmente le bien si précieux de la foi chez le pèlerin comblé de cette suréminente faveur*.

* * *

Nous nous en voudrions si nous terminions cet ouvrage sans faire mention des indulgences (1) des Lieux-Saints. D'abord, en débarquant et baisant la terre, on gagne une *indulgence plénière.* Il en est de même en priant au Saint-Sépulcre, au Calvaire, etc. etc. En beaucoup d'autres endroits on gagne des indulgences partielles. Le directeur de la caravane a soin, à ces divers lieux, d'en avertir et de commencer lui-même les prières auxquelles les pèlerins répondent.

Pour gagner ces indulgences, il suffit de prier quelque temps à l'intention du Pontife romain, pour l'extinction des hérésies, les besoins et l'exaltation de la sainte Eglise. Et cela après s'être confessé et réconforté par la sainte Communion.

Ces indulgences sont applicables aux âmes du purgatoire. *Une indulgence plénière l'est à chaque pèlerin,* et pour un jour laissé à son choix pendant le pèlerinage.

En outre, tous les objets de piété : croix, chapelets, médailles, images, (2) qui ont touché le saint

(1) Les indulgences, qui sont un moyen d'éviter les peines du purgatoire dues au péché pardonné, ont été instituées par l'Eglise. Elle a usé en cela du pouvoir que Jésus-Christ lui a conféré par ces paroles : *Tout ce que vous lierez sur la terre sera lié au ciel, et tout ce que vous délierez sur la terre sera délié au ciel. Celui qui vous écoute m'écoute et celui qui vous méprise me méprise...*

(2) Tout objet, quelle que soit d'ailleurs sa nature, acquiert, par le simple attouchement à l'un ou à l'autre des Lieux-Saints, une bénédiction particulière.

tombeau de N. S. J. C. possèdent des indulgences nommées *Indulgences des Lieux-Saints*. Pour les gagner il faut porter sur soi un des objets indulgenciés et remplir les conditions ci-après : à l'article de la mort, invoquer de bouche le nom de Jésus, recommander son âme à Dieu, se repentir véritablement de ses fautes, s'être confessé et avoir reçu la sainte Communion, au moins de cœur si l'on n'a pas l'usage de la parole ou si l'on ne peut se confesser. Cette indulgence, qui est plénière, est bien importante.

Allons, hommes de bonne volonté, allez à Jérusalem maintenant que ce pèlerinage est relativement facile, grâce à la tolérance des musulmans et à la merveilleuse organisation des PP. de l'Assomption.

FIN

ERRATA

Page 24 lire Jérusalem 50 000 hab. au lieu de 100 000
— 24 et 25 lire Gareb au lieu de Garel.
— 62 — Tophet — Taphet.
— 97 — Mensa Christi — Mena.
— 125 Abdul-Hamid n'a que 57 ans et on lui en donnerait facilement 65, au lieu de 53 et 60.

TABLE DES MATIERES

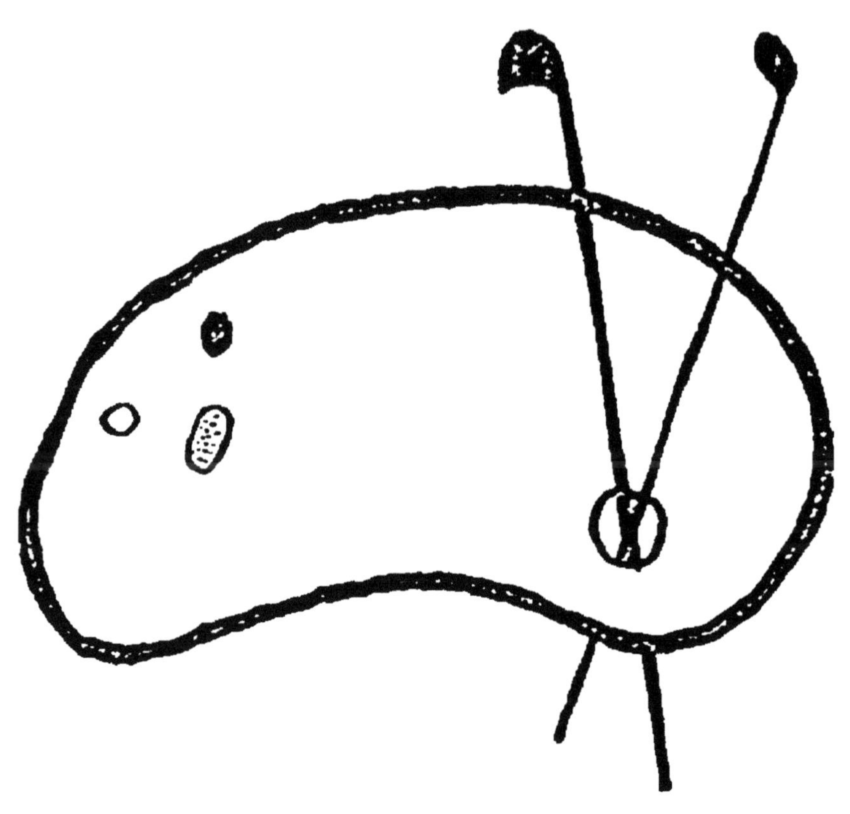

www.ingramcontent.com/pod-product-compliance
Ingram Content Group UK Ltd.
Pitfield, Milton Keynes, MK11 3LW, UK
UKHW020122200726
13856UKWH00002B/678

9 782013 255455